·职业院校摄影摄像系列教材·

图形图像处理基础

Foundation Course of Post-Editing

陈建强 郑志强 著

人民邮电出版社
北京

图书在版编目（CIP）数据

图形图像处理基础 / 陈建强，郑志强 著. -- 北京：
人民邮电出版社，2024.3
ISBN 978-7-115-63344-6

Ⅰ. ①图… Ⅱ. ①陈… ②郑… Ⅲ. ①图像处理软件
Ⅳ. ①TP391.413

中国国家版本馆CIP数据核字(2024)第015016号

内容提要

本书主要讲解 Photoshop 基础功能及图片后期处理的技巧。书中从 Photoshop 软件功能分布与设定开始，循序渐进地介绍了数码后期批处理照片的技巧、数码后期修图的基本套路、照片影调控制的原理与实战技巧、照片调色的原理与实战技巧、提升照片艺术表现力的方法、照片二次构图的思路与技巧、照片画质优化（锐化与降噪）的技巧。

另外，本书紧扣当前 Photoshop 技术发展的潮流，讲解了几种比较主要的 Photoshop AI 修图技巧。最后，本书讲解了与数码后期息息相关的色彩管理知识。

本书内容全面、丰富，语言简清、流杨，适合作为广大高等院校平面设计、摄影等相关专业的教材，也适合对数码后期有兴趣的普通用户学习和参考。

◆ 著　　　　陈建强　郑志强
　责任编辑　张　贞
　责任印制　陈　犇

◆ 人民邮电出版社出版发行　　北京市丰台区成寿寺路 11 号
　邮编　100164　　电子邮件　315@ptpress.com.cn
　网址　https://www.ptpress.com.cn
　涿州市般润文化传播有限公司印刷

◆ 开本：700×1000　1/16
　印张：10.25　　　　2024 年 3 月第 1 版
　字数：178 千字　　　2025 年 4 月河北第 2 次印刷

定价：59.80 元

读者服务热线：(010)81055296　印装质量热线：(010)81055316
反盗版热线：(010)81055315

系列书编委会名单

培养摄影人才，固然离不开教师引导，但我认为，现代正规高等教育，不应仅仅满足于那种工匠口传手艺的师徒模式，还必须建立一套总结前辈实践经验、吸收当今理论创新的教材。教材，是老师教学的规范、学生修业的指南，只有以教材为轨道，教师才能合乎科学、与时俱进地传授摄影知识。

基于上述认识，本世纪初，泉州华光摄影艺术职业学院（即今泉州华光职业学院前身）自创办开始就十分重视摄影专业教材的建设。在吴其萃董事长的支持下，学院组织许多知名教授、学者和摄影师参与策划和撰稿，后由福建人民出版社和高等教育出版社出版了多本教材。这套教材对提高华光的教学质量发挥了巨大作用，其中部分教材还获得了教育部的嘉奖，在摄影界产生了一定影响。

时光荏苒，转眼间从华光建校至今已有二十多年。二十多年前摄影刚刚开始从胶片时代步入数码时代，而当下已经全面进入智能数码化和网络化结合时代。无论是摄影理念和作品的创新、摄影器材的更新，还是多媒体教学手段的实施（如现代化广告摄影、视频微电影、手机摄影、无人机航拍、新型的 AI 软件应用和网络教学手法等）都对摄影教育提出了新的课题。为了顺应时代发展的需要，培养学生掌握新观念、新工艺，泉州华光职业学院出版了这系列全新的提升版摄影教材。

2003 年，我曾有幸出任华光摄影艺术职业学院第一套摄影系列教材的主编。通过教材的编审和出版，我不仅获得学习、提高的机会，还懂得了出版教材的严肃性，不能误人子弟。如今，我已是耄耋愚叟，力不从心甘居二线，但看到华光学院后继有人，有不少中青年教师参与新书的撰稿，心里感到十分喜悦。相信他们也会认真负责，总结自己的教学经验，并博采国内外摄影界的真知灼见和探索成果，把华光学院的摄影教材打造成精品读物。

泉州华光职业学院名誉院长
北京电影学院教授
杨恩璞
2023 年 8 月

PREFACE

序二

党的二十大报告提出“统筹职业教育、高等教育、继续教育协同创新，推进职普融通、产教融合、科教融汇，优化职业教育类型定位”，强调“健全终身职业技能培训制度”，加快建设包括大国工匠和高技能人才在内的“国家战略人才力量”，“建设全民终身学习的学习型社会、学习型大国”，这些重要思想体现了党对职业教育高度重视，表明了职业教育在整个教育体系中的显著分量。职业教育承担着服务于人的全面发展，服务经济社会发展，支撑新发展格局的职责，深化现代职业教育体系建设改革是当前一项迫切而重要的任务。

职业教育教材建设是落实这一任务的重要载体。2003年由泉州华光摄影艺术职业学院组织专家学者与本校教师联合开发的摄影系列教材，作为中国人像摄影学会推荐教材出版。学校经过近二十年的不懈努力，教学科研创作屡创佳绩，获得国家级职业教育精品课、国家规划教材等一系列成果。在职业教育“双高计划”建设背景下，学校积极推进摄影摄像专业群建设，启动第二轮职业教育摄影摄像系列教材建设工作。由曹博教授主编的摄影摄像技术系列教材，坚持对接行业产业数字化转型对摄影摄像人才的要求，立足于职业院校学生全面发展和新时代技术技能人才培养的新要求，着眼学生职业能力提升，服务学生成长成才和创新创业，更加注重产教融合，更加注重教学内容和实践经验结合，提高学生的实践能力和应用能力。本系列教材有以下显著特点。

一是坚持标准引领。系列教材依据高等职业学校摄影摄像相关专业教学标准和职业标准（规范），遵循教育教学规律，以职业能力为主线构建课程体系，提升学生职业技能水平和就业能力。系列教材的内容丰富，涵盖了摄影摄像的各个方面，包括基础知识、摄影技术技巧、影像行业应用、后期制作等，反映了广播影视与网络视听行业产业发展的新进展、新趋势、新技术、新规范。

二是突出产教融合。系列教材力求突出理论和实践统一，体现产教融合。系列教材适应职业教育项目教学、案例教学、模块化教学等不同要求，注重以真实生产项目、典型工作任务和案例等为载体组织教学单元，具有较强的实用性和可操作性。系列教材的作者团队由摄影摄像领域的专家、职业院校教师，以及行业、企业从业者组成，他们大多具有丰富的教学、科研或企业工作经验，通过采纳企业一线案例和技术技能，采取多主体协同工作的形式开发教材内容，便于学习者养成良好的职业品格和行为习惯。

三是体现创新示范。系列教材编排科学合理、形式活泼，积极尝试新形态教材建设，开发了活页式、工作手册等形式的教材，配套视频内容丰富，并作为国家级、省级精品课程配套资料。学习者通过平台观看配套的数字课程，以翻转课堂，线上线下混合式学习，打造学习新场景。

相信，此系列教材的出版，将为职业院校广播影视类专业师生教与学提供一套系统、全面、实用的参考书籍。

全国广电与网络视听职业教育教学指导委员会秘书长

教育部高等学校新闻传播学类专业教学指导委员会委员

山西传媒学院教授

郭卫东

2023 年 9 月

想要精通数码后期，既需要熟练掌握 Photoshop、ACR 等常见后期软件的使用，又需要你具有一定的审美和创意能力。

大部分初学者遇到的困难主要是在后期软件的学习上。要想真正掌握数码后期技术，我们不能太专注于后期软件的操作，而是应该先学习一定的后期理论知识。举一个简单的例子，要学习后期调色，如果你先掌握了基本的色彩知识及混色原理，那后面的学习就能快速掌握调色的操作技巧，并且牢牢记住，再也不会忘记。

这说明，学习数码后期，我们不但要知其然，还要知其所以然，才能真正实现数码后期的入门和提高！

当然，学好本书只是第一步，接下来你可能还要努力提升自己的美学修养和创意能力！

本书从 Photoshop 与 ACR 软件的配置和使用开始介绍，进而细致讲解了数码后期批处理照片的技巧、数码后期修图的基本套路、照片明暗影调理论与实战技巧、Photoshop 调色原理与实战技巧、提升照片表现力的技法、二次构图、锐化与降噪技巧等内容。另外，本书紧扣当前 Photoshop 技术发展的潮流，讲解了几种比较实用的 Photoshop AI 修图技巧。最后，本书还介绍了与数码后期息息相关的色彩管理相关的知识。

本书内容全面、丰富，语言简洁流畅，适合作为广大高等院校平面设计、摄影等相关专业的教材，也适合想学习数码后期的 Photoshop、ACR 等用户学习和参考。

笔者

2023 年 10 月

CONTENTS
目录

第 1 章
Photoshop 软件功能分布与首选项设置

Photoshop 是广受欢迎的图像编辑软件，它提供了各种强大的功能和工具，使用户能够对图像进行精确和创意的处理。本章中，我们将深入了解 Photoshop 软件的功能分布以及如何设置首选项来满足个人需求。

1.1 Photoshop 软件功能分布

本节将讲解 Photoshop 功能设置、界面设置以及不同功能的布局。初次打开 Photoshop 之后，显示如图 1-1-1 所示界面。

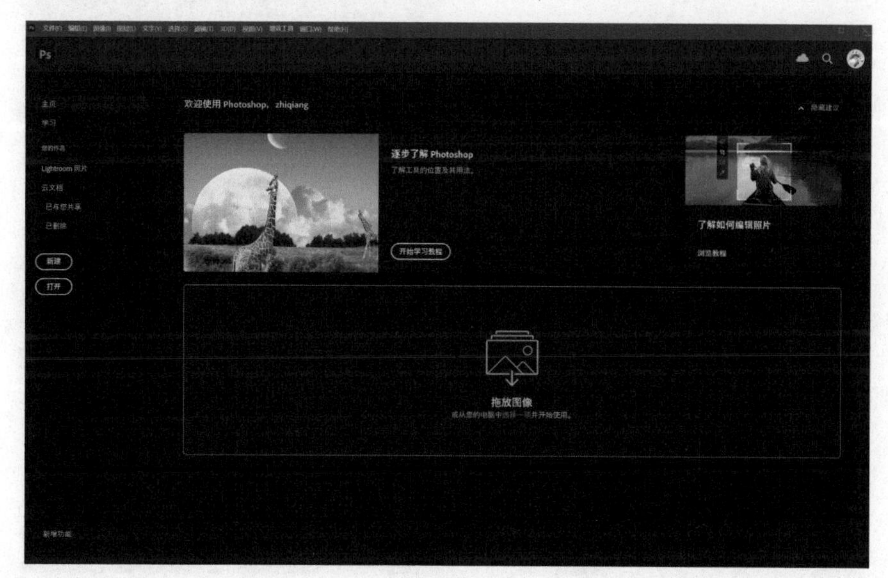

图 1-1-1

要进行照片处理，可以单击选中要处理的照片，将其拖曳到图示区域，这样照片会自动在 Photoshop 中打开，如图 1-1-2 所示。

图 1-1-2

配置界面布局

针对 Photoshop 界面，我们可以根据自己的工作性质或使用习惯对界面进行重新配置，比如要做的主要工作是进行摄影后期处理，那么就可以将软件界面配置为摄影界面。具体操作非常简单，单击打开“窗口”菜单，选择“工作区”—“摄影”，如图 1-1-3 所示。

这时可以看到界面的功能布局发生了一些变化，右上角出现了直方图面板；中间有调整、库、属性等面板，直接单击某个面板，面板标题就可以切换到该面板；下方是图层面板，如图 1-1-4 所示。这些面板可以提示或告诉我们大量的照片信息，并且可以直接在这些面板当中进行特定的操作，而不必切换到不同的菜单选择特定功能。

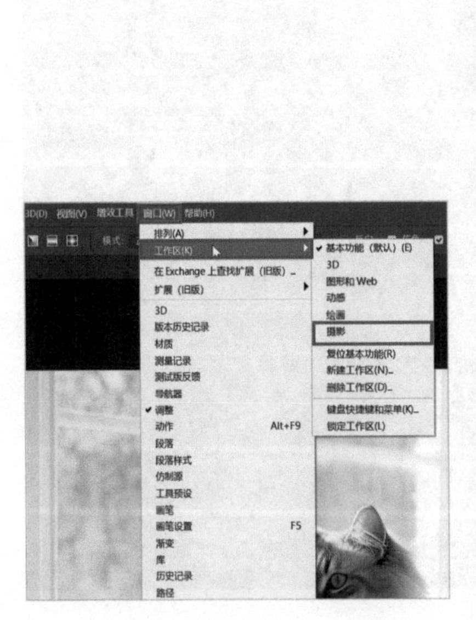

图 1-1-3

图 1-1-4

在 Photoshop 主界面当中可以重点关注以下几个板块。最上方是菜单栏，Photoshop 几乎所有的功能都可以在菜单栏中找到。左侧是工具栏，在工具栏中集中了 90% 的 Photoshop 调整工具，使用时直接单击选中，然后就可以在照片当中进行操作，如图 1-1-5 所示。

上方菜单栏下方是选项栏，选择某一种工具之后可以看到选项栏会发生变化，即这个选项栏主要是为该工具进行服务的，它可以限定工具的使用方法，可以认为选项栏是针对特定工具的参数限定，如图 1-1-6 所示。

图 1-1-5

图 1-1-6

中间的区域是照片显示区，如图 1-1-7 所示。我们对照片的处理要在照片显示区的照片上进行操作，并且对照片的调整会实时显示在照片显示区的照片上。

图 1-1-7

比如，要对照片进行明暗调整，那么可以直接在调整面板中选择“单一调整”，在其中选择“亮度 / 对比度”或“曲线”等功能，从而快速进入相应的调整项目，如图 1-1-8 所示。

最下方是照片信息栏，在其中可以看到当前照片显示的比例以及照片的尺寸、分辨率等信息，如图 1-1-9 所示。

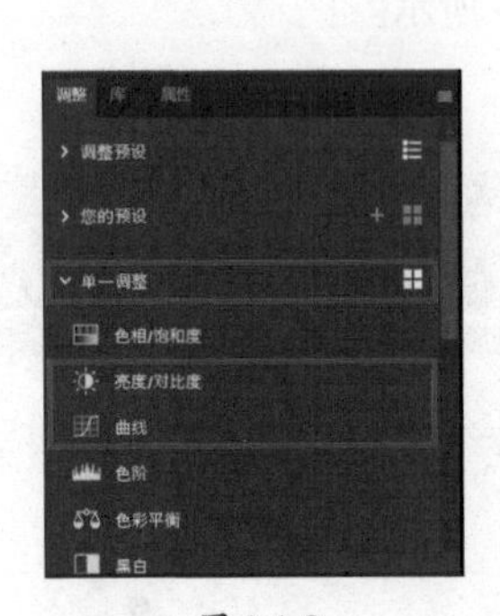

图 1-1-8

图 1-1-9

以上介绍了 Photoshop 软件的界面布局，接下来看 Photoshop 面板的设定。对于右侧的面板区域，可以根据自己的使用需求设定显示的面板，并且调整面板的位置、大小等。直方图是必须要开启的，如图 1-1-10 所示，因为它会显示照片的明暗状态，所以当前的这个面板显示没有问题。导航器这个面板一般很少使用，可以右键单击导航器标题并在弹出的快捷菜单中选择“关闭”，将这个面板关闭，如图 1-1-11 所示。

下方包括库、属性等面板，如果不需要，也可以右键单击并在弹出的快捷菜单中选择“关闭”，如图 1-1-12 所示。

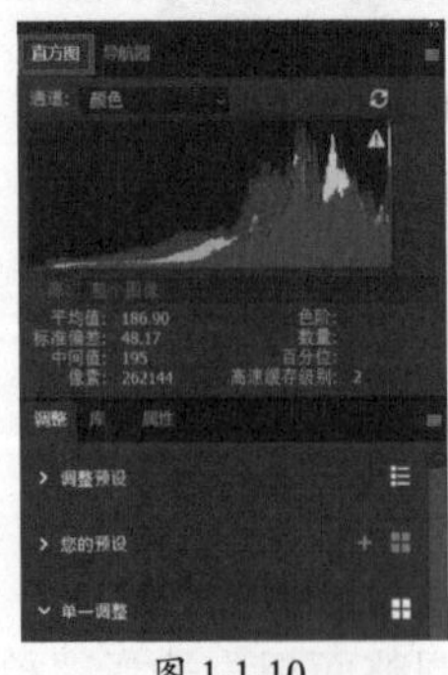

图 1-1-10

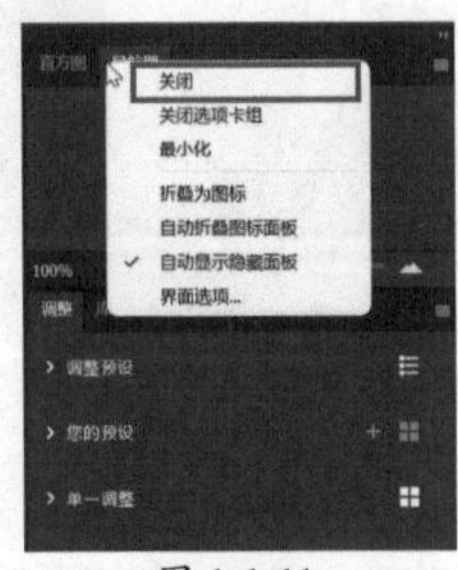

图 1-1-11

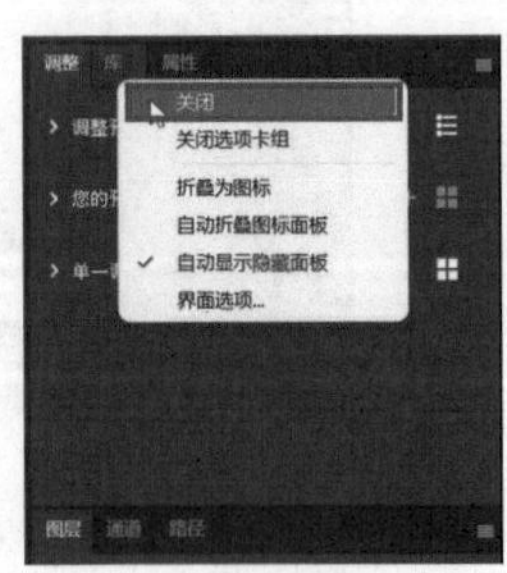

图 1-1-12

下方图层、通道和路径这三个面板默认保留就可以了，如图 1-1-13 所示。如果要显示不同的面板，直接单击该面板的标题就可以显示出面板信息，如图 1-1-14 所示。

另外，还可以单击某个面板的标题并按住鼠标进行左右拖动，从而改变面板的位置，比如改变属性与调整面板的位置，如图 1-1-15 所示。

图 1-1-13

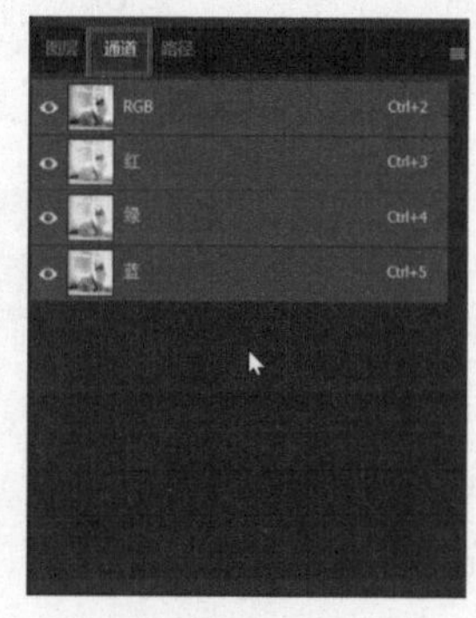

图 1-1-14

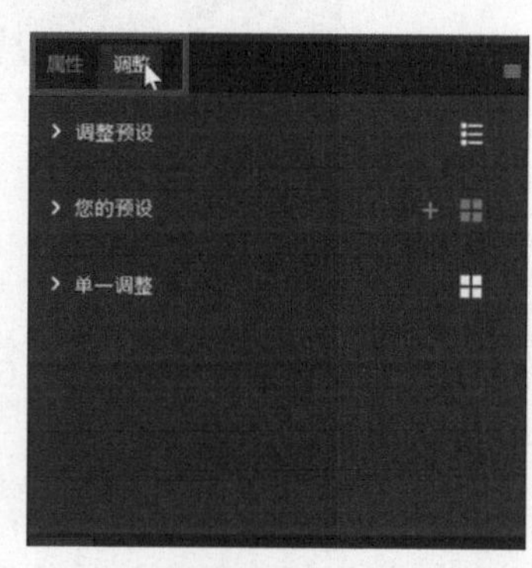

图 1-1-15

还可以单击面板的标题并按住鼠标进行拖动，将其拖动到其他位置，如图 1-1-16 和图 1-1-17 所示。

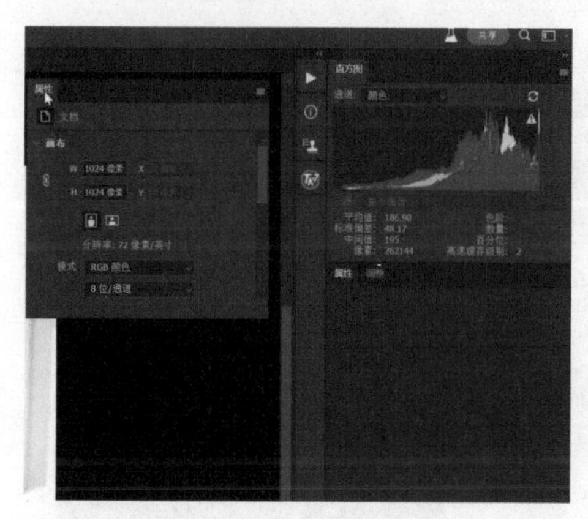

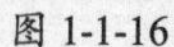

图 1-1-16

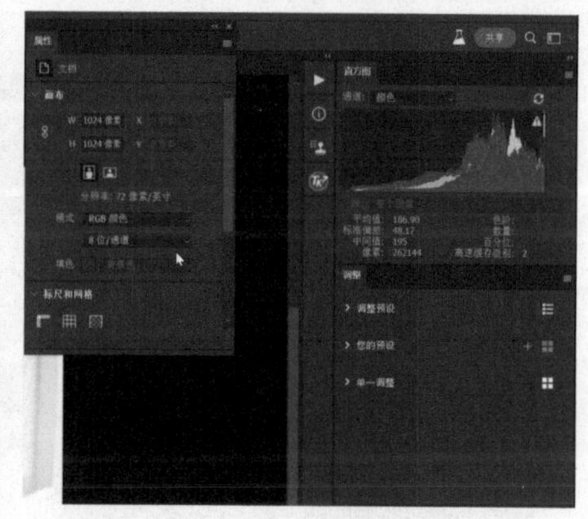

图 1-1-17

单击面板标题并按住鼠标将其拖动到想要停靠的位置，在出现蓝色方框之后松开鼠标，就可以将其放在停靠的位置上，如图 1-1-18 和图 1-1-19 所示。

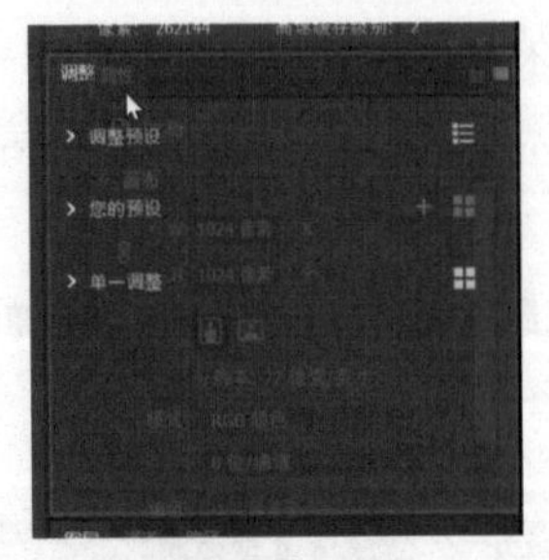

图 1-1-18

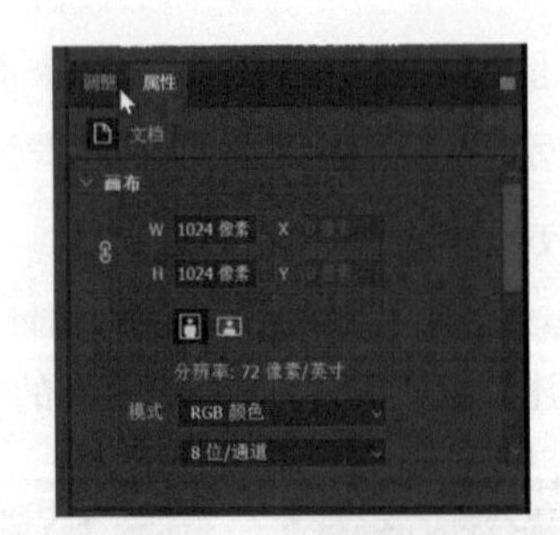

图 1-1-19

还原初始位置

如果要复位这些面板的位置，可以单击打开“窗口”菜单，选择“工作区”—“复位摄影”，这样就可以将面板恢复到初始位置，如图 1-1-20 和图 1-1-21 所示。

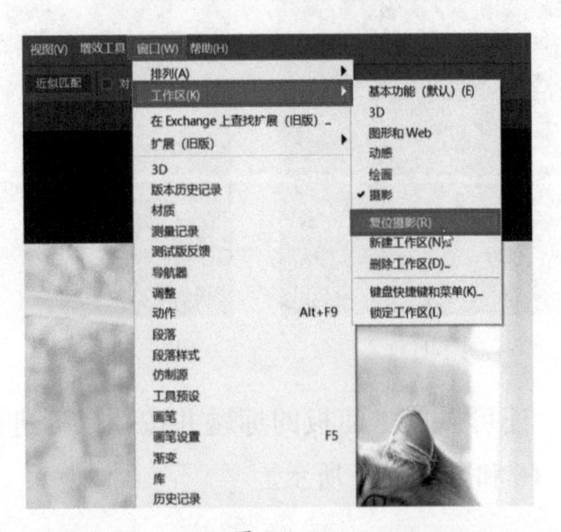

图 1-1-20

图 1-1-21

1.2 照片的存储设定与首选项设定

本节将讲解 Photoshop 照片存储的设定以及首选项设定。合理设定首选项可以帮助我们更好、更流畅地使用 Photoshop，提高工作效率；而对于照片的存储，并不只是设定照片存储格式就可以了，还需要对照片的存储空间、尺寸等进行配置，以符合特定的需求，并让照片显示正确的色彩。下面来看具体的内容。

打开 Photoshop 之后，当前的界面与第一次打开时发生了一些变化，下方会出现一个最近使用项，如图 1-2-1 所示。之前打开照片的缩略图出现在这个位置，如果要再次打开它，直接单击这张照片就可以了。

图 1-2-1

如果不想要显示最近使用项，可以单击打开“文件”菜单，选择“最近打开文件”—“清除最近的文件列表”，就可以将下方的缩略图清除掉，如图 1-2-2 所示。

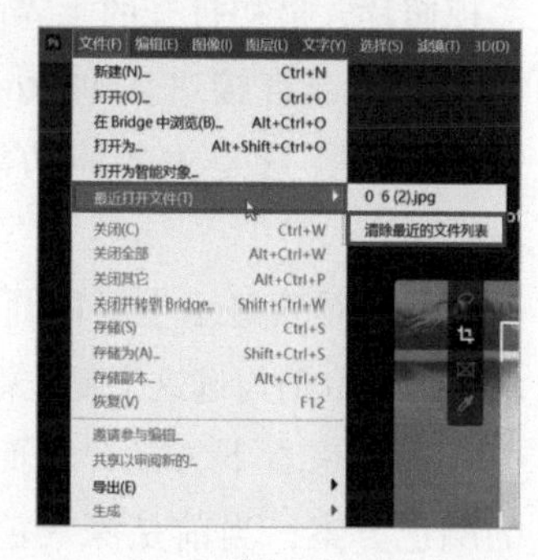

图 1-2-2

首选项设定

下面我们来看照片的首选项设定。再次打开这张照片，单击打开“编辑”菜单，在最下方可以看到“首选项”，我们在首选项中随便选择某一条命令，如图 1-2-3 所示。

这样可以打开“首选项”对话框，如图 1-2-4 所示。在该对话框当中，可以对 Photoshop 的一些操作方式、照片的缓存等进行一些特定的处理。

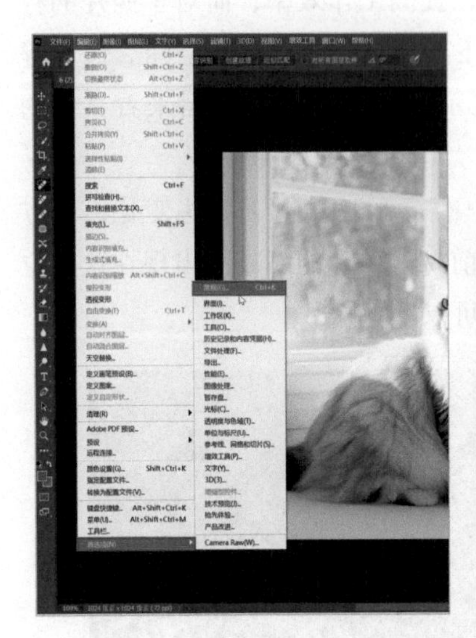

图 1-2-3

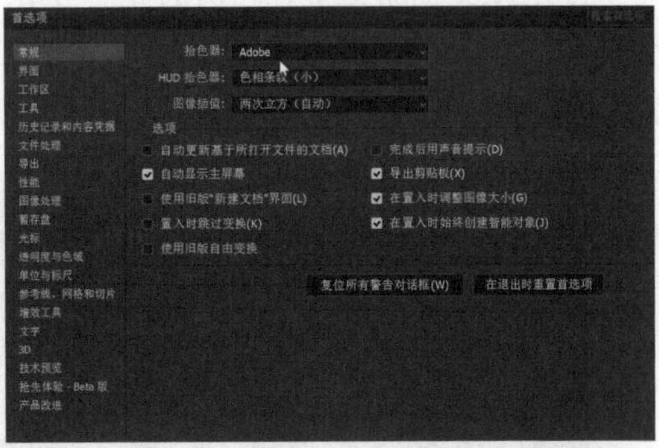

图 1-2-4

首先来看“常规”选项卡，其中需要设定的主要就是“自动显示主屏幕”，默认是处于勾选状态，如图 1-2-5 所示。

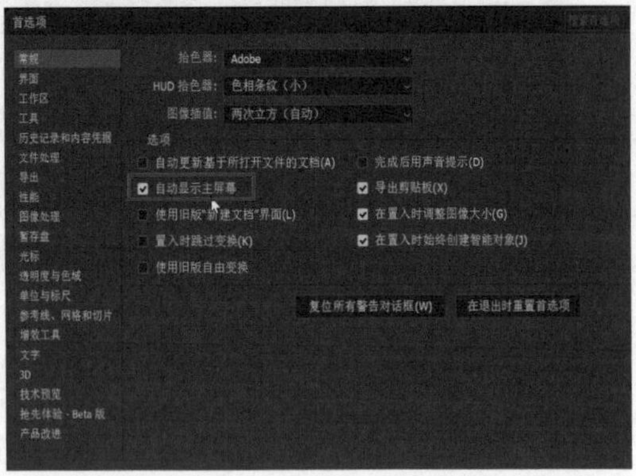

如果取消勾选该复选框，然后单击“确定”按钮，此时我们关掉照片，最初打开的主界面就没有了，会直接进入 Photoshop 工作界面，这是主界面功能的设定。

图 1-2-5

至于是否显示主屏幕，可以根据个人喜好来进行选择，可能很多 Photoshop 老用户会取消勾选这个复选框，建议新用户勾选。

接下来看下方的“界面”选项卡。在这个选项卡中，可以看到 Photoshop 的颜色方案，当前是深灰色，也就是当前的配色，如图 1-2-6 所示。这同样可以根据个人喜好来进行设定，下方的这些选项不建议大家调整，保持默认就可以了。

“工作区”选项卡建议保持默认。“工具”选项卡需要重点注意的有两个功能，第一个“显示工具提示”，第二个“显示丰富的工具提示”，如图 1-2-7 所示。就是勾选该复选框之后，将鼠标指针移动到某一个工具上时，Photoshop 会自动提供一段动画，演示这个工具的使用方法。这对于初学者来说是比较友好的，但对于有一定经验或是资深的修图爱好者来说，这种演示会影响工作，所以大家可以根据自己的 Photoshop 水平来进行设定。

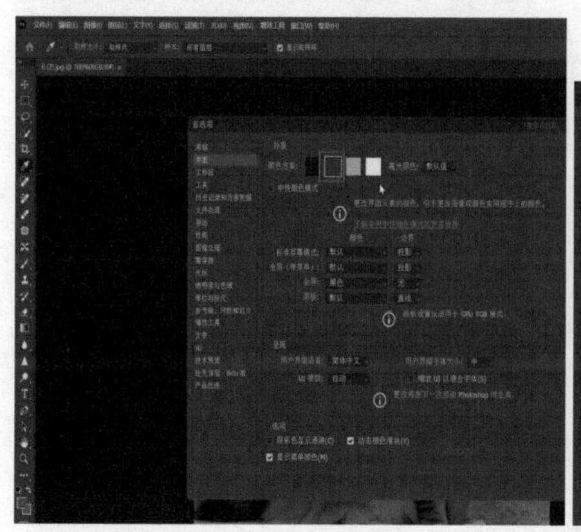

图 1-2-6

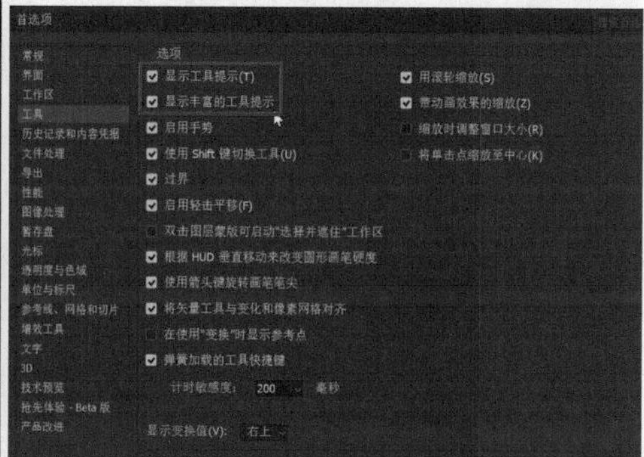

图 1-2-7

勾选“使用 Shift 键切换工具”复选框，就可以按 Shift 键从正在使用的工具直接切换到另外一种工具。建议初学者暂时不要改变这个功能的设定，如图 1-2-8 所示。

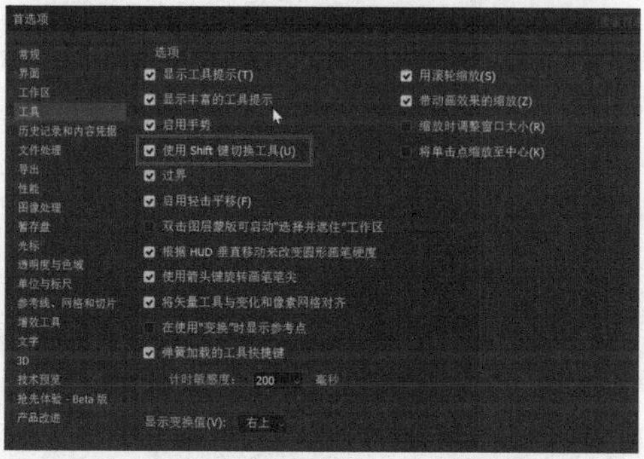

图 1-2-8

最后一个比较重要的功能是“用滚轮缩放”，如图 1-2-9 所示。勾选这个复选框，然后单击“确定”按钮回到 Photoshop 主界面，再转动鼠标滚轮就可以放大或缩小照片的显示。建议大家勾选这个复选框，操作起来会非常方便。

“历史记录和内容凭证”选项卡中的大部分功能没有必要进行调整，只要保持默认就可以了。

在“文件处理”选项卡中，要注意下方“启用旧版‘存储为’”，如图 1-2-10 所示。Photoshop 新版本改变非常大，如果大家感觉不适应，可以勾选“启用旧版‘存储为’”，这样在存储照片时，就可以将界面变为熟悉的界面显示。

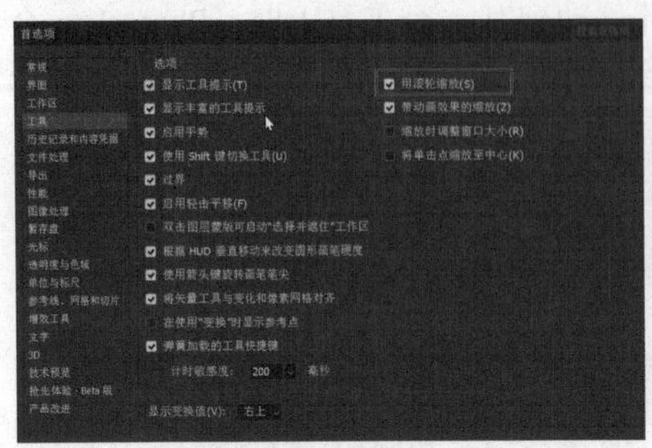

图 1-2-9

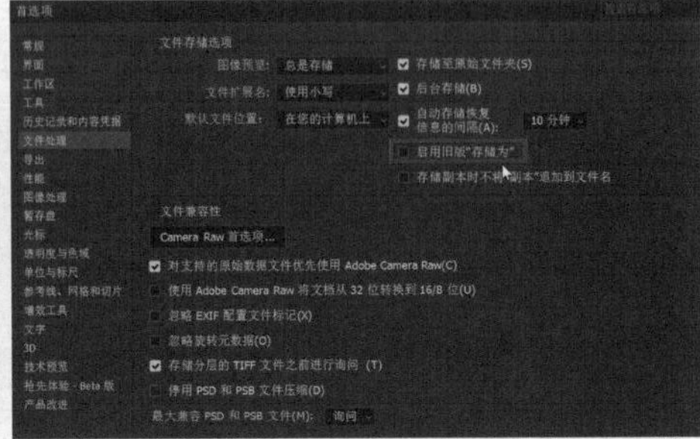

图 1-2-10

下方“使用 Adobe Camera Raw 将文档从 32 位转换到 16/8 位”，如图 1-2-11 所示。它是指我们在处理 Raw 格式文件时将 Camera Raw 插件的默认设置改为 16 位或 8 位，这样会自动对文件的信息进行压缩，所以不建议大家勾选。即便是你不熟悉，那么后续随着我们的讲解，你就能够掌握这些知识点。如果现在直接更改，则会导致打开原始的 Raw 格式文件时，直接出现信息的压缩，也就使色彩或明暗信息丢失。

“导出”这个面板不建议大家设定，因为我们在存储照片时一般不使用“导出”命令，而是主要使用“存储为”命令，当然上方“快速导出格式”这个选项可以重选为 JPG 格式，品质提到 10 左右，如图 1-2-12 所示。

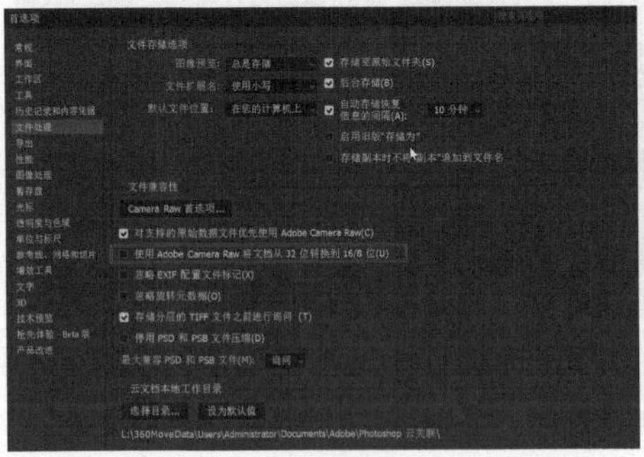

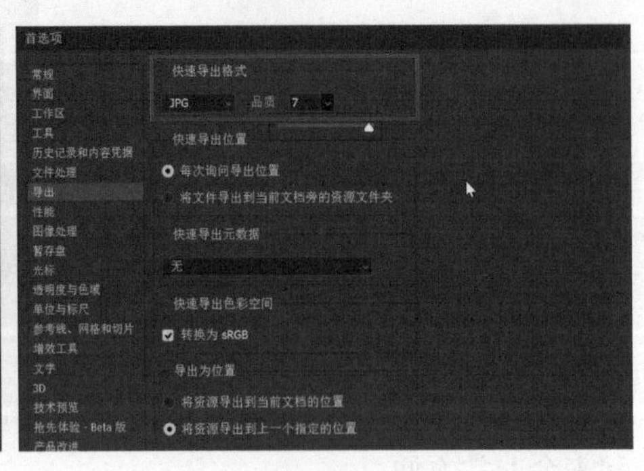

图 1-2-11

图 1-2-12

在“性能”选项卡当中，重点要关注内存使用情况，后面的百分比一般来说要设定到 70%~90%，如果计算机的内存比较小，比如说只有 8G，那么建议使用 90%，如果内存比较大可以设定到 70% 左右。后方“使用图形处理器”，如果是单独的显存，或者说计算机有独立显卡，那么建议勾选这个复选框，如图 1-2-13 所示。

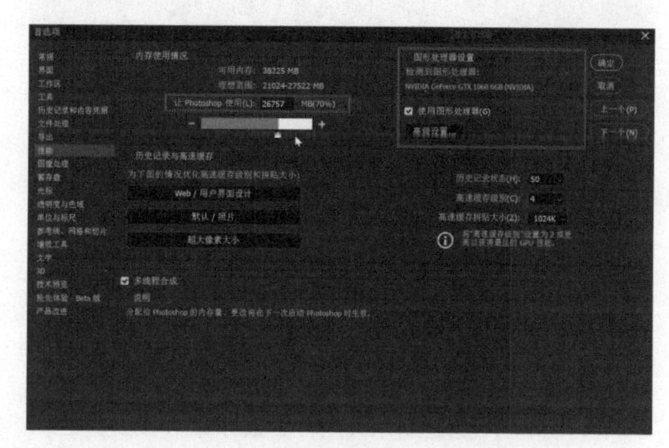

图 1-2-13

之前我们提到过历史记录的设置，初始建议是不进行修改。在“性能”选项卡中，可以改变历史记录状态，默认设置为 50，但我们可以将其设定为 200~300。这是指它可以记录我们对照片所进行的操作步骤数。在进行大量操作后，如果发现有问题，我们可以回溯到之前的历史记录。下面是“高速缓存级别”选项，对于初学者来说，保持默认的 4 就可以了。这个选项的意思很简单，它显示了当前照片的所有色彩和明暗信息，并显示在右上角的直方图中。当我们调整照片的明暗或色彩时，直方图也会相应地发生变化，这是一个同步的过程。然而，如果像素非常高，实时计算直方图并显示波形会占用系统资源，因此，引入了高速缓存选项。默认情况下，直方图对照片进行采样，高速缓存级别越高，采样率就越低，以确保快速运行。但直方图与照片的对应关系就不那么准确。将“高速缓存级别”设定为 1 时，直方图与照片完全对应，虽然能够准确显示照片的状态，但会占用大量资源。因此，保持默认的 4 就可以了。其他选项无需进行过多设置，如图 1-2-14 所示。

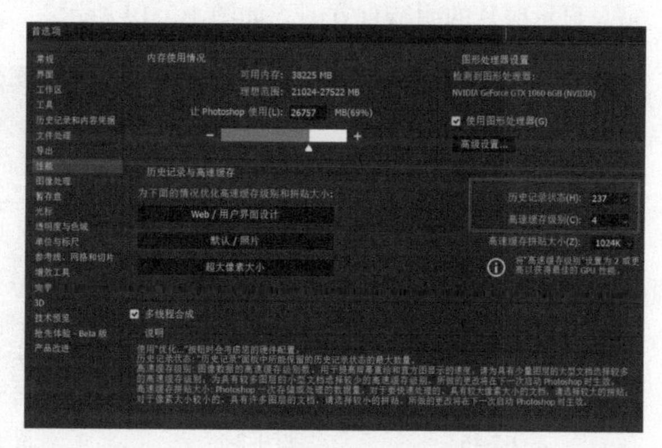

图 1-2-14

“图像处理”这个界面直接保持默认就可以了。

下一个需要注意的是“暂存盘”，在这个选项卡

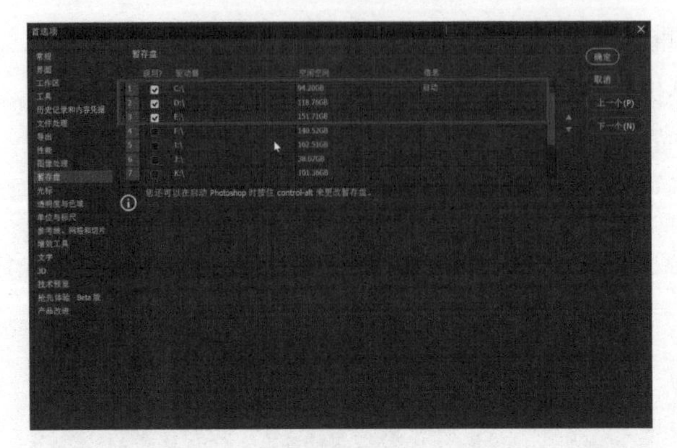

图 1-2-15

中建议大家勾选 2~3 个暂存盘，如图 1-2-15 所示。在 Photoshop 中对照片进行的处理过程会实时地存储在暂存盘当中，如果我们处理的照片数据量非常大，而暂存盘已经满了，那么就会导致我们的处理无法保存、前功尽弃。因此建议大家多勾选几个暂存盘，这样一个暂存盘满了，会存到第二个暂存盘，就能保证操作不会中断。

对于 Photoshop 首选项的设定主要就是以上这些。设置好后，直接单击“确定”按钮完成操作即可。

直方图设定

还要注意的另外一个选项就是直方图的设定，可以看到当前的直方图非常小，非常紧凑，如图 1-2-16 所示。

单击直方图右上角的折叠菜单图标，会打开一个菜单，在这个菜单中选择“扩展视图”，如图 1-2-17 所示，可以看到当前直方图下方显示出了更多的信息，如图 1-2-18 所示。

我们还可以对这个直方图的不同形式进行配置，比如选择“明度”，那么就是只显示照片的明暗直方图，如图 1-2-19 所示。

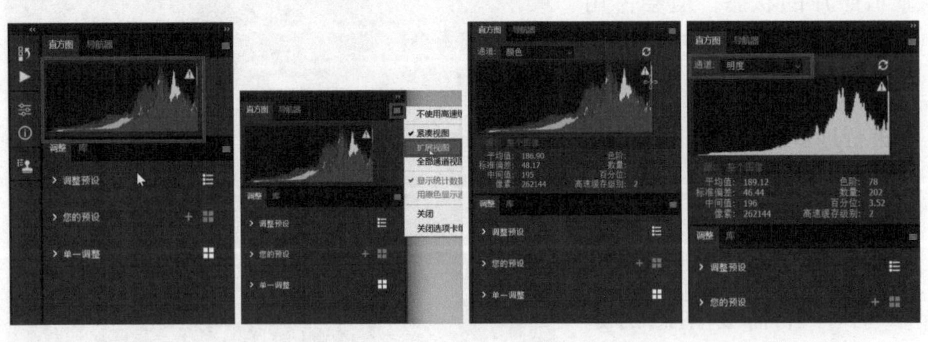

图 1-2-16　图 1-2-17　图 1-2-18　图 1-2-19

存储设定

接下来看照片的存储设定。打开照片，对照片进行过特定的处理之后，接下来就可以对照片进行存储。存储照片时首先要配置照片的色彩空间，只有设置合理的色彩空间，照片才能够显示正确的色彩。单击打开“编辑”菜单，选择“转换为配置文件”，如图 1-2-20 所示。

图 1-2-20

在打开的“转换为配置文件”对话框中，要注意目标空间的配置文件一定要设置为 sRGB，如图 1-2-21 所示。很多时候照片的默认色彩空间是 Adobe RGB，虽然色彩范围更广泛，但是它的兼容性不是很好，在计算机上显示一种色彩，在手机上可能会显示另外一种色彩。所以如果仅仅是为了在计算机或手机上浏览照片，建议大家不要保存为这种色彩空间。那什么时候使用这种色彩空间呢？如果照片要进行印刷或是打印时可以设置为这种色彩空间。这里设置为 sRGB 色彩空间，然后单击“确定”按钮。

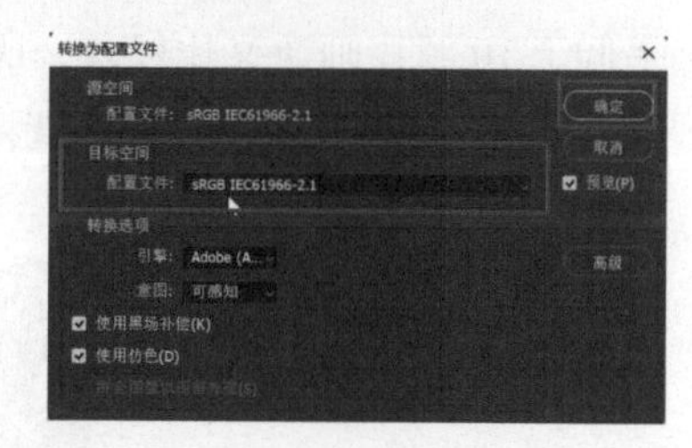

图 1-2-21

然后单击打开“文件”菜单，选择“存储为”，如图 1-2-22 所示。在打开的“存储为”对话框中，选择一个存储位置，可以看到下方配置的是 sRGB 这种色彩空间，保存类型一般设为 JPEG 格式。这是一种兼容性最好，并且也是最常用的一种照片格式，照片显示效果非常好。它兼顾了更好的照片显示性能与合适的存储空间大小。设定存储位置以及保存类型之后，单击“保存”按钮，如图 1-2-23 所示。

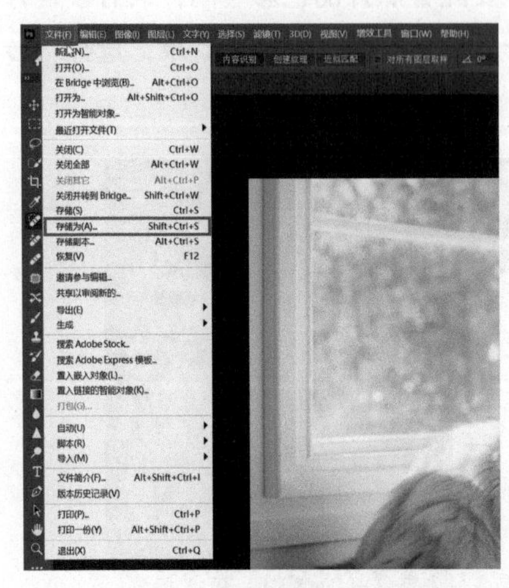

图 1-2-22

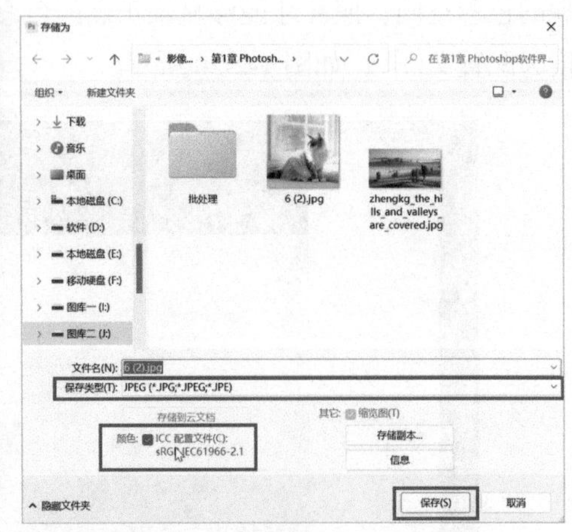

图 1-2-23

此时会弹出“JPEG 选项”面板，在其中可以设定照片的品质。照片品质从 0 到最高的 12，总共有 13 个级别品质，级别越高照片的品质会越好。推荐大家设定 10、11 这两种级别，没必要设定最高的 12，因为会占更大的存储空间，而如果低于 10 照片画质又比较差，所以综合起来设置为 10 或 11 比较合适。设定好之后单击“确定”按钮，这样就将照片保存了，如图 1-2-24 所示。

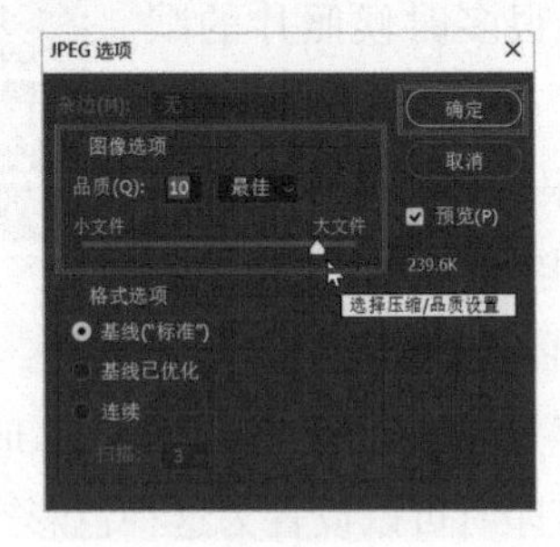

图 1-2-24

第 2 章
照片批处理的两种技巧

照片批处理是指同时对一组照片应用相同的编辑或处理操作。它可以帮助用户快速地对多张照片进行统一调整和处理，从而节省时间并确保一致性。本章将讲解照片批处理的两种技巧，以帮助读者更加高效地处理大量的照片。

2.1 Photoshop 批处理照片

本节将讲解照片批处理的技巧。如果面对大量同类型的照片要进行同样的处理，比如批量的明暗处理、批量的大小尺寸缩放等，单一照片逐张处理非常没有效率，浪费大量时间。而借助于软件的批处理功能就可以快速完成照片的批量处理，从而节省时间，提高效率。下面将通过具体的案例来进行介绍。

在进行批处理之前首先打开要进行批处理的照片文件夹，单击照片可以看到，当前的分辨率，也就是照片尺寸是非常大的，如图 2-1-1 所示。照片的大小比较大，占用非常多的空间，这样在上传到某些网站时会受到限制。

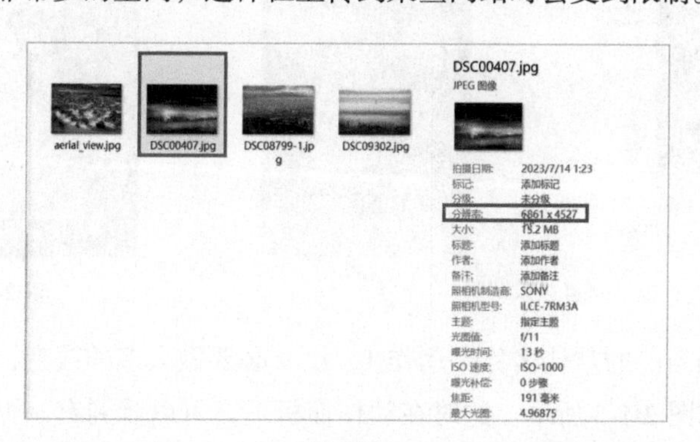

图 2-1-1

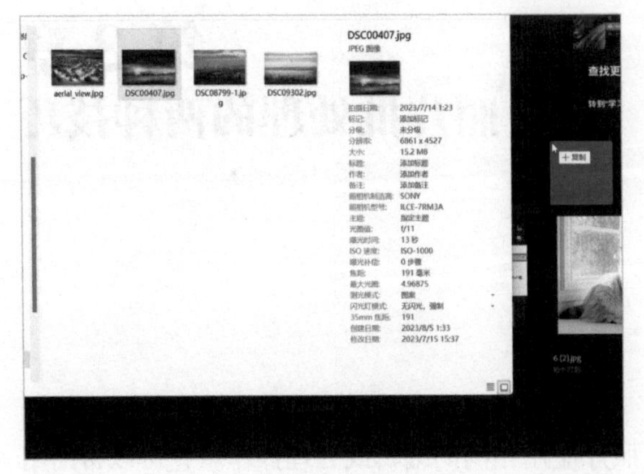

图 2-1-2

所以接下来要将这一批照片都进行尺寸的缩小，缩小到长边在 2500 左右，宽边会自动由软件根据照片原有的长宽比进行限定。单击任意一张照片并按住鼠标拖曳到 Photoshop 中，在 Photoshop 中打开，如图 2-1-2 所示。

批处理动作录制

现在准备批处理动作的录制，录制好动作之后，所有的照片都可以按照这个动作来执行，就可以完成批处理的操作。动作的录制也比较简单，单击打开“窗口”菜单，选择“动作”，如图 2-1-3 所示。打开“动作”面板，在“动作”面板右下角，单击创建新动作按钮，如图 2-1-4 所示，打开“新建动作”对话框。

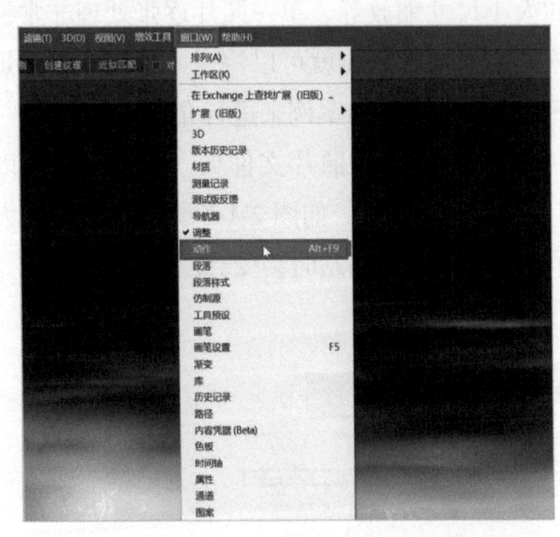

图 2-1-3

图 2-1-4

可以看到当前的默认名称是动作 1，没有必要做太多的改变，直接单击“记录”按钮，如图 2-1-5 所示。这时在动作面板下方可以看到有一个红色的按钮，表示已经开始了动作的录制，如图 2-1-6 所示。

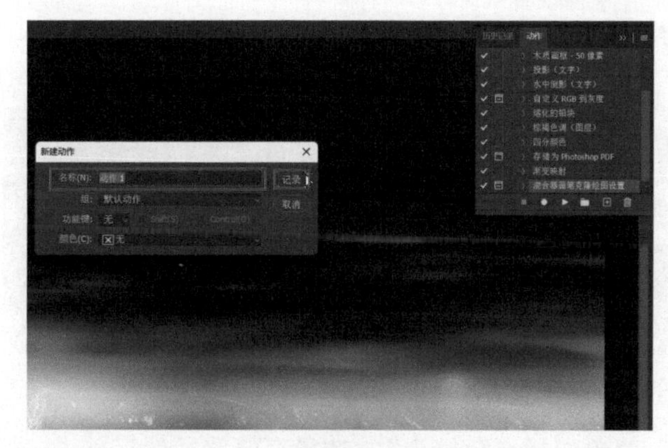

图 2-1-5

图 2-1-6

这时我们就可以对照片进行尺寸的缩小，单击打开“图像”菜单，选择“图像大小”，如图 2-1-7 所示，打开“图像大小”对话框，如图 2-1-8 所示。

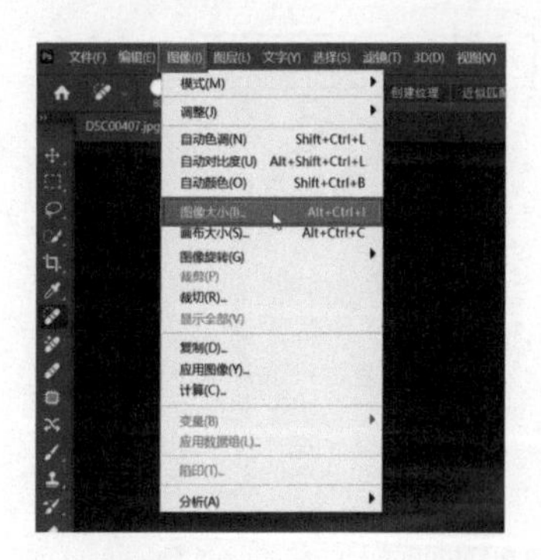

图 2-1-7

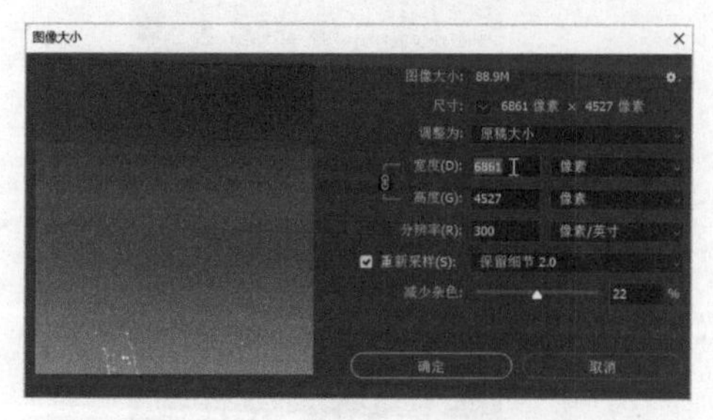

图 2-1-8

在其中将宽度设定为 2500 像素，要注意，设定宽度之后可以看到高度，会由软件根据原照片的长宽比进行设置，当然这里有一个前提，就是前面的“锁定长宽比”这个选项已经被激活，如图 2-1-9 所示。

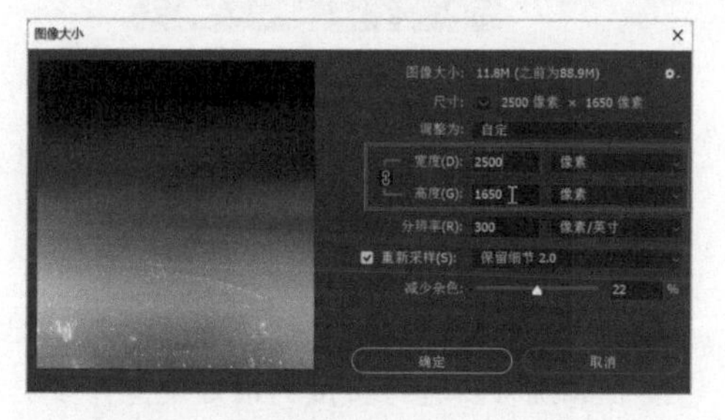

图 2-1-9

如果我们对其进行解锁，可以看到，如果再次改变宽度，高度是不会发生变化的，如图 2-1-10 所示。所以要注意，在改变照片尺寸时一定要按下限制长宽比这个按钮。然后再将照片的宽度改为 2500，设定好之后，单击“确定”按钮，这样就完成了这张照片尺寸的缩小，如图 2-1-11 所示。

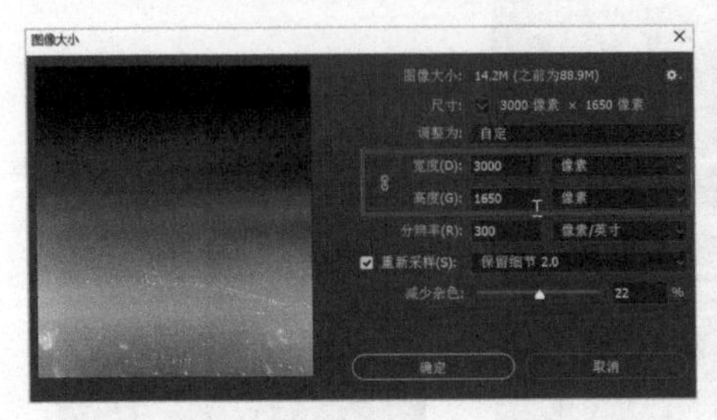

图 2-1-10

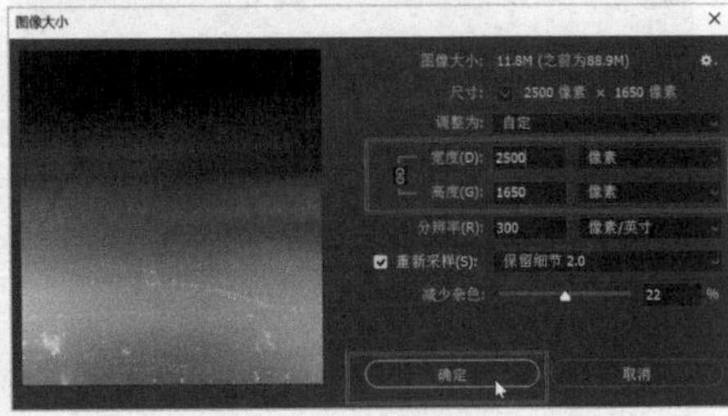

图 2-1-11

然后单击打开“文件”菜单选择“存储为”，选择存储路径然后单击“保存”按钮，将照片保存到文件夹当中，至此就完成了整个动作的录制，如图 2-1-12 和图 2-1-13 所示。

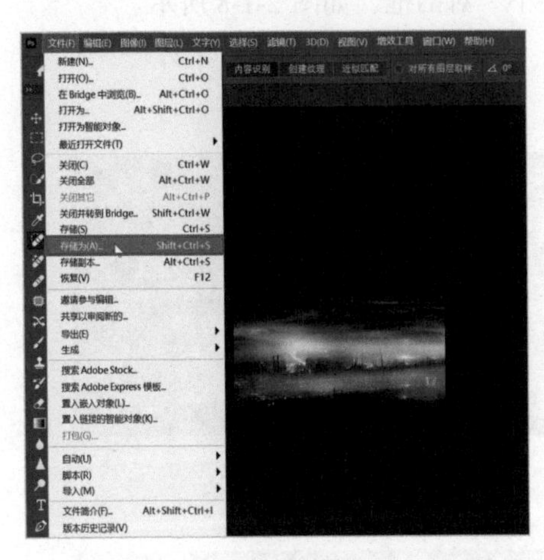

图 2-1-12

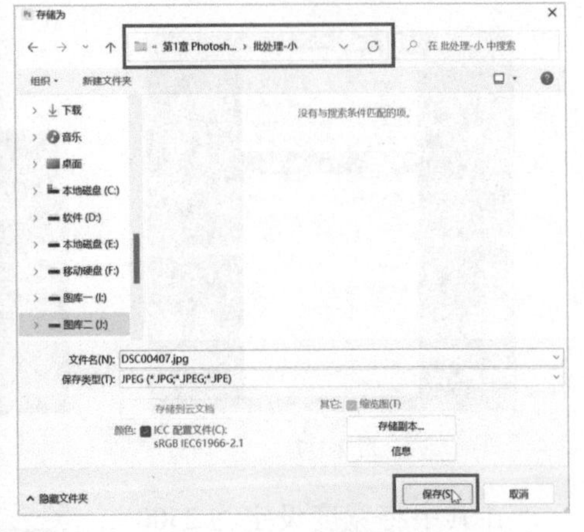

图 2-1-13

然后单击“停止播放 / 记录”按钮，如图 2-1-14 所示。

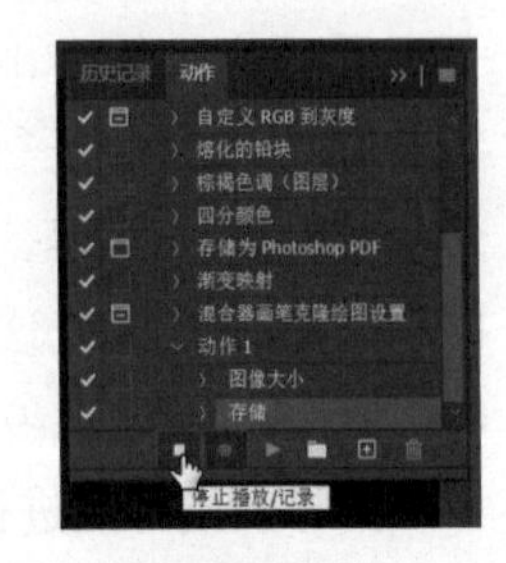

图 2-1-14

批处理操作

接下来就可以进行直接的批处理操作了。单击打开“文件”菜单，选择“自动”—“批处理”命令，如图 2-1-15 所示。打开“批处理”对话框，如图 2-1-16 所示，在其中可以看到当前的“动作”已经选定了“动作 1”，也就是刚刚录制的动作。

图 2-1-15

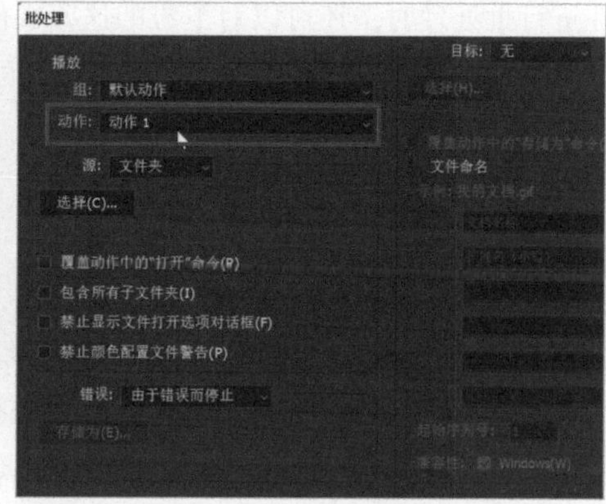

图 2-1-16

然后单击“选择”按钮，如图 2-1-17 所示，找到要进行批处理的文件夹，单击选中该文件夹，如图 2-1-18 所示。

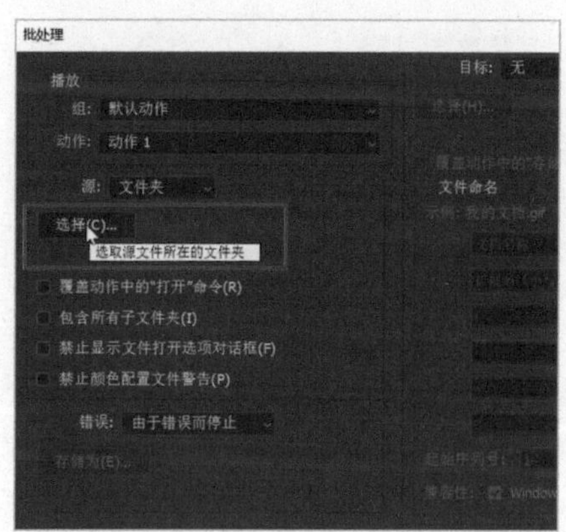

图 2-1-17

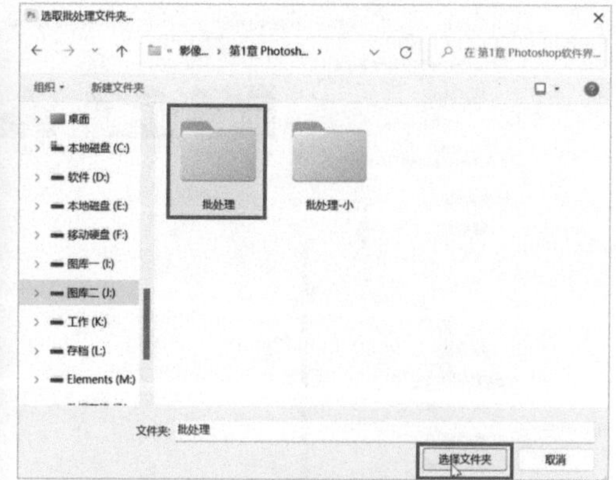

图 2-1-18

这样就可以将要进行批处理的所有照片都载入到 Photoshop 目标文件夹。我们要注意选中文件夹，就是要将批处理之后的照片存到特定的文件夹当中，特定的文件夹我们已经准备好了，单击“选择”按钮，如图 2-1-19 所示。

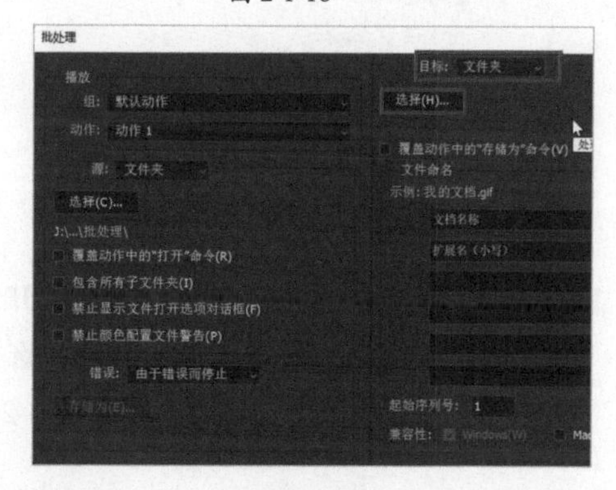

图 2-1-19

设定好之后单击“确定”按钮，软件就会进行批处理的操作。实际上，在进行批处理时，还可以对下方的这些文件名、序列号等进行一些特定的操作，如不进行操作，直接单击“确定”按钮即可。

2.2 ACR 批处理照片

借助于 Photoshop 可以完成照片的批处理操作，实际上还有一种更简单更好用的照片批处理工具，那就是 Photoshop 中内置的 Adobe Camera Raw，简称 ACR。这个工具主要是针对相机拍摄的 RAW 格式文件进行处理。

依然是之前处理过的这组照片，如图 2-2-1 所示。下面借助于 ACR 对这组照片进行简单的明暗处理，并进行批量的尺寸处理。

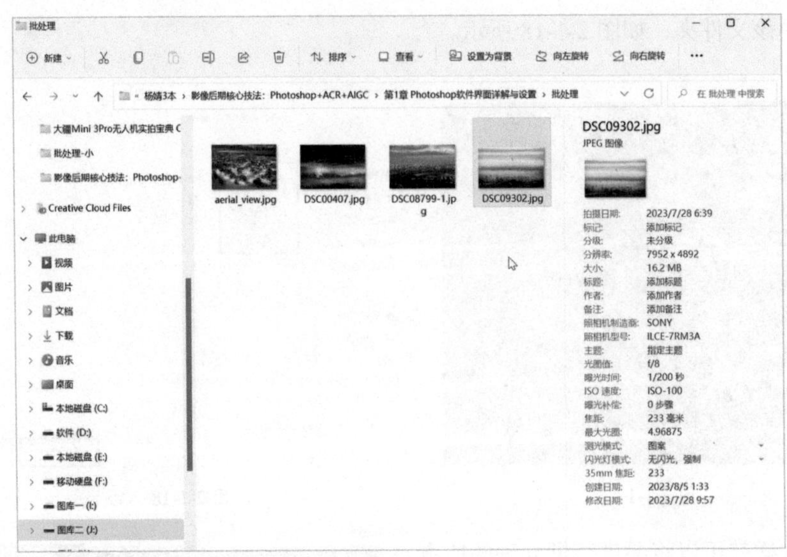

图 2-2-1

Camera Raw 首选项设定

如果要在 ACR 中同时打开多张 JPEG（即 JPG）格式照片，需要进行特殊的设定。单击打开“编辑”菜单，选择“首选项”—“Camera Raw”，打开“Camera Raw 首选项”对话框，如图 2-2-2 和图 2-2-3 所示。

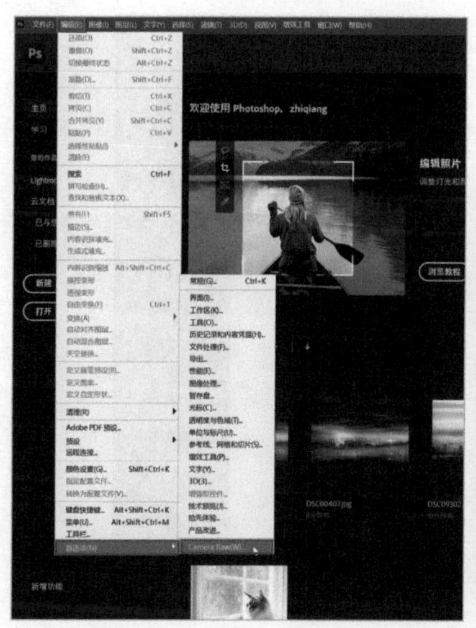

图 2-2-2

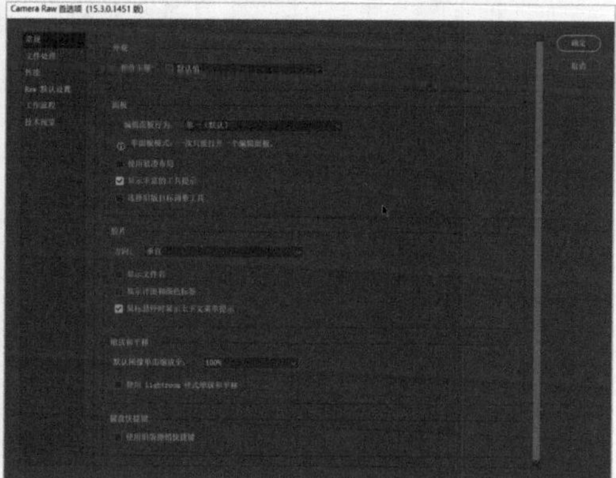

图 2-2-3

切换到“文件处理”选项卡，在 JPEG 后的列表中，选择“自动打开所有受支持的 JPEG”，单击“确定”按钮，如图 2-2-4 所示。这样当我们打开多张 JPEG 格式照片时会同时载入 ACR。

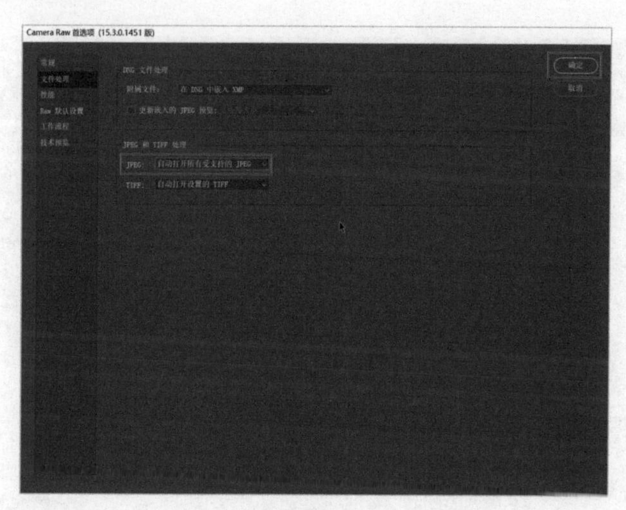

图 2-2-4

找到要进行批处理的照片，将其全部选中，单击并按住鼠标将其拖入 Photoshop，如图 2-2-5 所示。

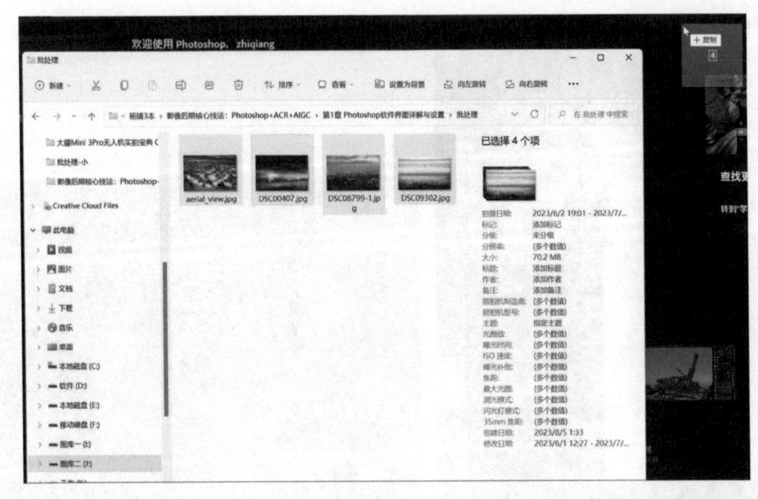

图 2-2-5

ACR 批处理

此时所有的 JPEG 格式照片会被同时载入 ACR 中，在左侧的胶片栏列表中可以看到打开的多张照片，如图 2-2-6 所示。

图 2-2-6

右键单击某一张照片，在弹出的快捷菜单中选择“全选”，如图 2-2-7 所示。

图 2-2-7

然后在右侧的面板中对这些照片进行批量的处理，比如适当降低高光值，提高曝光值，降低黑色的值，即对照片进行了简单的处理。这样左侧的所有照片会被进行同样的处理，完成了批处理，如图 2-2-8 所示。

图 2-2-8

接下来再对照片进行保存。单击右上角的保存按钮，如图 2-2-9 所示，在打开的菜单当中，首先要选择“在新位置存储”，如图 2-2-10 所示。

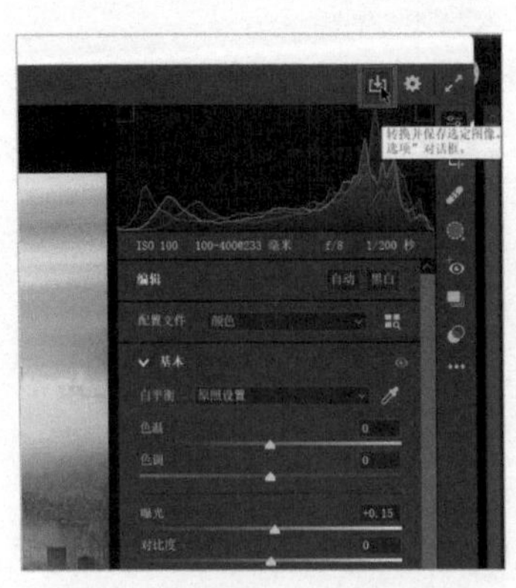

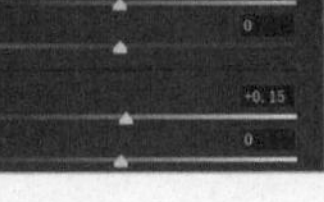

图 2-2-9

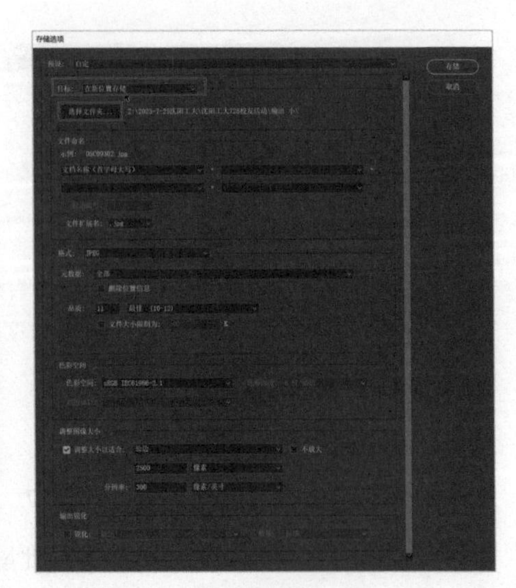

图 2-2-10

找到存储照片的文件夹，然后可以在对话框中设定文件扩展名、照片格式、照片品质等。“调整大小以适合”这个复选框要勾选，然后在列表中选择长边，将长边设定为 2500 像素，高边会由软件根据原照片的长宽比进行限定，这样我们就完成了设定，单击“存储”按钮，如图 2-2-11 所示。

等待一段时间之后就完成了这组照片的批处理操作。最后，单击“完成”或“取消”按钮均可退出 ACR，如图 2-2-12 所示。

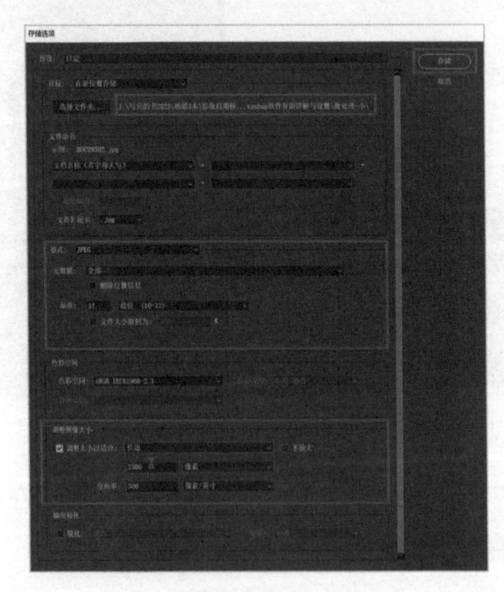

图 2-2-11

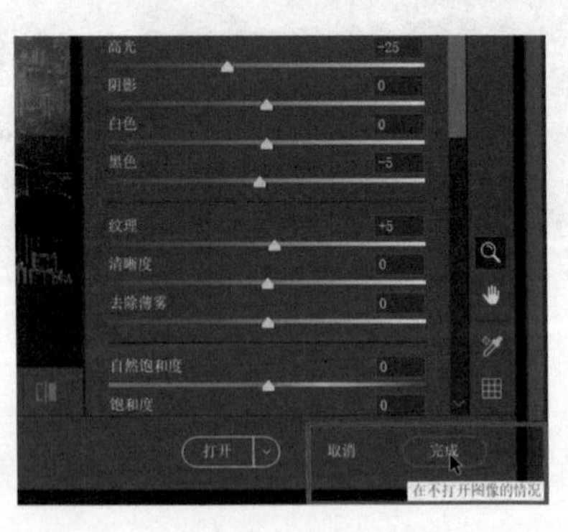

图 2-2-12

使用 ACR 进行照片的批量处理会更高效，因为没有必要进行动作的录制，并且可以很方便地对照片地明暗、锐度、大小尺寸等进行批量的处理。在实际应用当中，大家可以根据自己的习惯来选择合适的批处理工具。

虽然 Photoshop 要进行批处理的操作需要提前录制动作，但是在 Photoshop 中可以使用一些类似图层模板等功能对照片进行更复杂的处理，而在 ACR 当中则不可以。所以说不同的批处理方式有各自的优缺点，大家应该根据自己的使用习惯和实际的批处理需求，来选择不同的批处理方式。

第 3 章
摄影后期修片的基本套路

本章将介绍摄影后期修片的基本套路。摄影后期修片是将原始照片通过软件处理和编辑，以达到更好的视觉效果和表现力的过程。它是提高照片质量和吸引力的关键步骤，无论是对摄影爱好者还是专业摄影师来说都至关重要。

3.1 用图层 + 蒙版修片

本节将讲解数码照片后期处理的逻辑。对于任何一张照片，整体上给人的观感可能还可以，但达不到非常完美的程度，之所以有这种问题存在，主要是因为照片的某些局部是有问题的。换句话说，数码照片后期处理真正核心的点在于照片局部的处理。

照片局部处理需要使用到图层以及蒙版这两个功能，通过这两个功能的搭配使用完成对照片局部的优化，最终照片的整体效果就会变得更好。下面我们将通过具体的案例来进行演示。

打开照片

首先，在 Photoshop 中打开拍摄的 Raw 格式文件，这样会自动载入 ACR，如图 3-1-1 所示。

在 ACR 中对照片进行一个基本的影调层次和色彩的优化，将照片复位，如图 3-1-2 和图 3-1-3 所示，可以看到原图比较灰，色彩也比较暗淡。

图 3-1-1

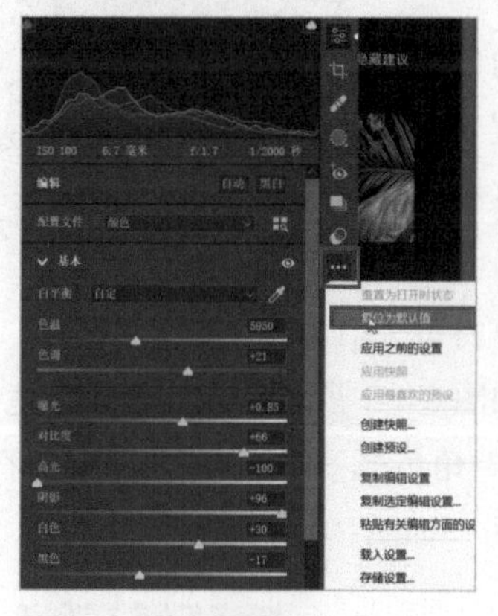

图 3-1-2

图 3-1-3

经过整体的处理之后，画面细节比较丰富，影调层次也变得更理想了，色彩也变得协调。但观察当前的照片，会发现右上角的光线部分发灰、发白，如图 3-1-4 所示。这是不合理的。因为通常来说光源的位置应该是偏暖的，有一些暖意的光线会让画面的表现力更强。这就是我们所说的局部存在问题，导致画面整体效果不够理想。

对照片整体进行优化过后，单击“打开”按钮，将照片在 Photoshop 中打开，如图 3-1-5 所示。

图 3-1-4

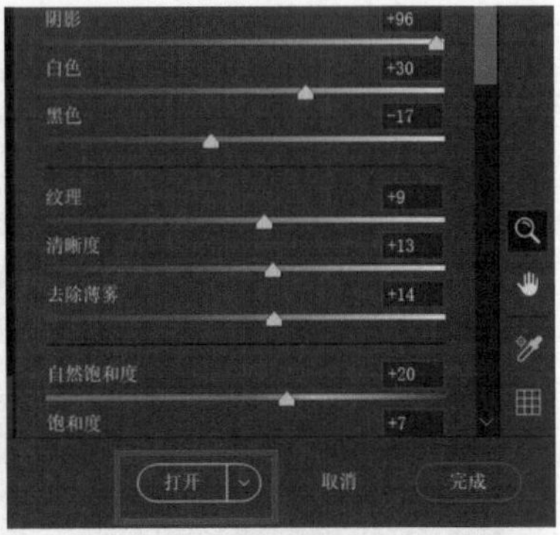

图 3-1-5

色彩平衡

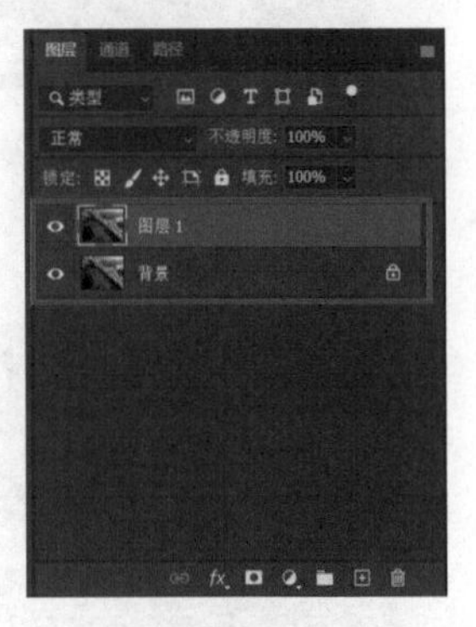

图 3-1-6

一个图层对应的就是一张照片，我们可以认为图层是照片的缩略图，对照片整体的一些操作就可以在图层上来实现。对于这张照片，我们要将右上角的色彩调暖，可以按键盘上的 Ctrl+J 组合键复制图层，然后对上方的图层进行色彩的调整，让画面的色彩变得暖一些，如图 3-1-6 所示。

调整时可以使用色彩平衡这个功能。单击打开“图像”菜单，选择“调整”—“色彩平衡”，如图 3-1-7 所示。向右拖动红色滑块增加红色，向左拖动黄色滑块增加黄色，让右上角色彩变暖，可以看到此时画面整体都变暖了，调整完毕之后单击“确定”按钮，如图 3-1-8 所示。

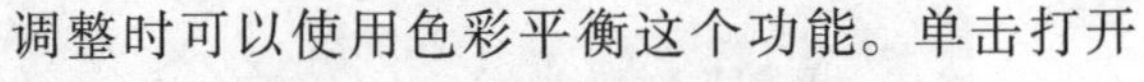

图 3-1-7

图 3-1-8

上方图层对应的是调整之后的画面，下方图层对应的是原始的照片，如图 3-1-9 和图 3-1-10 所示。

图 3-1-9

图 3-1-10

图层蒙版

蒙版可以将其定义为蒙在照片上的一层板子，它可以通过蒙版的变化来对所附着的这个图层进行限定。单击选中上方的调色之后的这个图层，然后单击“创建图层蒙版”按钮，为上方这个图层创建一个图层蒙版，如图 3-1-11 和图 3-1-12 所示。

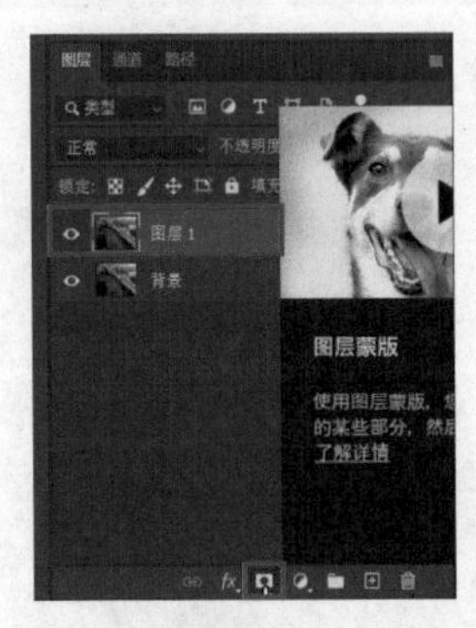

图 3-1-11

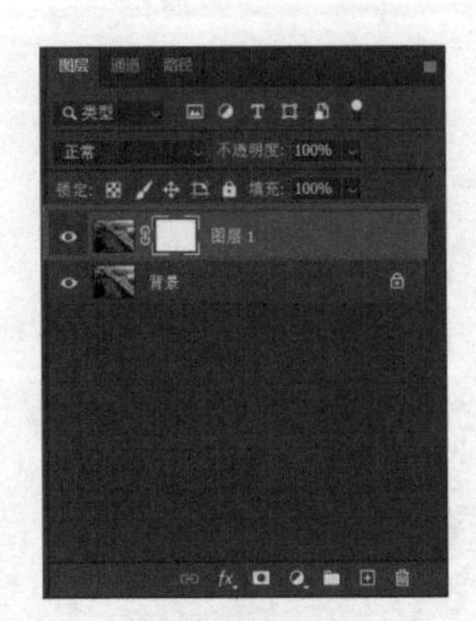

图 3-1-12

而我们想要保留的只是右上角的这个区域，这时就选择画笔工具，将不透明度调到 100%，将流量调到 100%，然后在英文输入法状态下，按键盘上的向左或向右的中括号键改变画笔笔刷的大小，如图 3-1-13 所示。

图 3-1-13

然后在上方这个图层的其他区域，单击并按住鼠标进行拖动涂抹，可以看到蒙版上涂抹过的区域变黑，因为这个区域被我们涂黑了，如图 3-1-14 所示。被涂黑的部分就被遮挡了起来，露出了下方图层的部分。从这个效果的变化就知道，蒙版的作用在于白色显示当前图层，而黑色会遮挡当前图层。

图 3-1-14

如果觉得涂抹与未涂抹区域的过渡有些生硬，可以双击“蒙版”图标，在打开的“属性”面板中提高羽化值，让过渡更柔和，效果就更自然一些，如图 3-1-15 所示。

图 3-1-15

那这样就实现了照片的局部调整，可以对比原图跟处理之后的效果。单击上方图层前方的小眼睛，隐藏上方的图层，如图 3-1-16 所示；再单击小眼睛将其显示出来，如图 3-1-17 所示，可以看到上方被渲染上了暖色调的光线。

图 3-1-16

图 3-1-17

这是照片局部调整的最基本逻辑。当前这种处理方法比较烦琐，我们要先复制图层，对上方图层进行调色，然后再对上方图层创建图层蒙版，实际上还有一种更简单的方法，就是使用调整图层。我们之所以讲当前这种方法，是为了让大家了解蒙版的概念以及蒙版黑白变化所带来的改变。

3.2 用蒙版调整图层修片

本节将讲解上节所说的更简单的照片局部调整方法，也就是用蒙版调整图层修片。在 Photoshop 中打开照片，如图 3-2-1 所示。

图 3-2-1

在“调整”面板中，单击展开下方的“单一调整”，在其中选择“色彩平衡”，这样就创建了一个色彩平衡的蒙版调整图层，并且打开了色彩平衡调整的面板，如图 3-2-2 和图 3-2-3 所示。

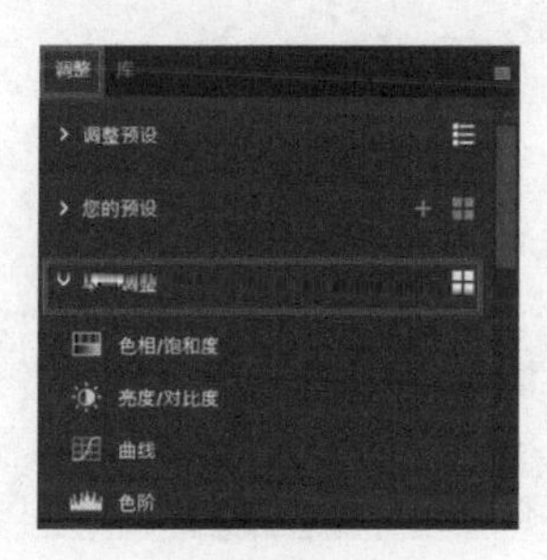

图 3-2-2

图 3-2-3

向右拖动红色滑块，向左拖动黄色滑块，为画面整体渲染上一种偏橙的色调，然后收起色彩平衡调整面板，如图 3-2-4 所示。

图 3-2-4

此时可以看到，蒙版所附着的色彩平衡调整完全显示了出来，因为白色表示显示的是当前图层的调整效果，如图 3-2-5 所示。

图 3-2-5

这个时候，如果我们只想要右上方的局部显示出来，其他区域隐藏，露出下方正常的照片色彩，可以选择画笔工具，前景色设为黑色，然后在其他区域上进行涂抹，用黑色将当前图层的调整效果遮挡起来。因为涂抹与未涂抹区域的过渡比较生硬，同样双击蒙版图标，在打开的“属性”面板中提高羽化值，从而让调整与未调整区域的过渡平滑起来，如图 3-2-6 所示。

图 3-2-6

这样就完成了照片的局部调整。一般来说，上方的带蒙版的调整图层可以称为“蒙版调整图层”，如图 3-2-7 所示。

图 3-2-7

任何照片的后期明暗以及色彩调整，往往都要使用这种蒙版调整图层来实现。当前进行的是色彩平衡调整，后续会讲解曲线调整、黑白调整、自然饱和度调整、饱和度调整以及可选颜色调整等的调色原理以及逻辑。

本章要注意的是黑白蒙版的变化对于调整区域的限定。进行照片调整主要使用蒙版调整图层，掌握了这种方法就掌握了后期修图的基本操作逻辑和方式。接下来要学的就是一些明暗调整以及色彩调整的原理以及具体工具的使用方法。

第 4 章
影调控制原理与实战

在摄影后期修片中，对于影调的控制是至关重要的。影调决定了照片的明暗、亮度、对比度以及整体色调等方面。掌握影调控制的原理和技巧，可以帮助我们精确地调整照片的外观和视觉效果。本章将介绍影调控制的基本原理，并通过实战示例帮助读者理解和应用这些概念。

4.1 影调控制的尺子：256 级亮度

本节将讲解如何用准确的数字来表达照片的明暗。与一般意义上直接用明或暗描述照片不同，用数字表达照片的明暗非常准确，有助于后期修片时对照片进行描述。

首先我们应该了解一个常识，计算机是二进制的，在每一个存储单元，或说是每一个位置上都有 0 和 1 两种变化如图 4-1-1 所示。如果有 8 个存储单元，那么能够表现出的变化就是 2^8，如果有 10 个存储单元，那么能够表现出的变化就是 2^{10}。

图 4-1-1

在后期修图时，一般的照片都是 8 位的，在描述明暗时能够表现出的明暗变化是 2^8，总共是 256 级的明暗。借助于这 256 级明暗，能够让图片从纯黑到纯白有平滑的层次过渡，如图 4-1-2 所示。纯黑用全是 0 的 8

位二进制表示，纯白用全是 1 的 8 位二进制表示。

由二进制过渡到十进制，如图 4-1-3 所示，可以将 8 位二进制的 0 用 0 级亮度来表示，即纯黑是 0 级亮度，而白色的亮度是 255。对于一张照片来说，大部分像素的亮度是位于 0~255 之间的，从而实现了一张照片从纯黑到纯白平滑的明暗层次过渡。

图 4-1-2

图 4-1-3

除了黑白照片，对于彩色照片这种规律同样适用。虽然照片是彩色的，但本质上是由不同的色彩混合而成的，而不同的色彩也有明暗，它的明暗也是 0~255 共 256 级亮度，如图 4-1-4 所示。

红色在一般亮度时能表现出非常准确的红色，如果红色的亮度降到最低，就无法呈现红色，无法呈现任何信息，而变为黑色；红色的亮度不断变亮，就变为纯白，也无法再表达色彩信息。从红色的纯黑到纯白总共有 256 级变化。

对于一些人像照片同样如此，如图 4-1-5 所示。对每一个像素点位置，如果是纯黑的，它的亮度就是 0；如果它是纯白的，它的亮度就是 255；而其他的大部分的像素都位于 0~255 这个亮度区间。唯一需要注意的是，如果像素的亮度是 0 或 255，就分别是纯黑和纯白，这种像素是没有办法表现任何细节信息的，因为一种是死黑一种是死白，要表达的或者要表现的画面信息主要是在 1~254 这些中间亮度的区域。

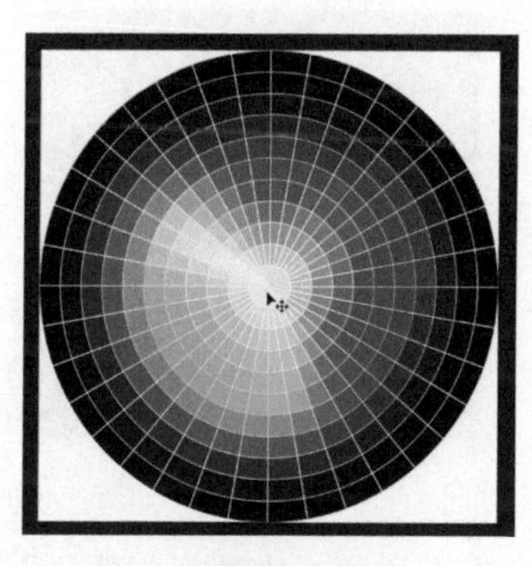

图 4-1-4

图 4-1-5

4.2 影调控制的尺子：解读直方图

本节将讲解如何在后期软件中描述和表达照片的明暗关系。之前讲的是可以用数字来对照片的明暗进行衡量，那么它的表达主要就是通过直方图来实现。

打开照片，在“直方图”面板当中可以看到不同的色彩波形，这个波形其实表达的是每一个位置的色彩的明暗，如图 4-2-1 所示。

图 4-2-1

改一下默认的直方图，单击展开右侧的列表，在列表中选择“扩展视图”，如图 4-2-2 和图 4-2-3 所示。

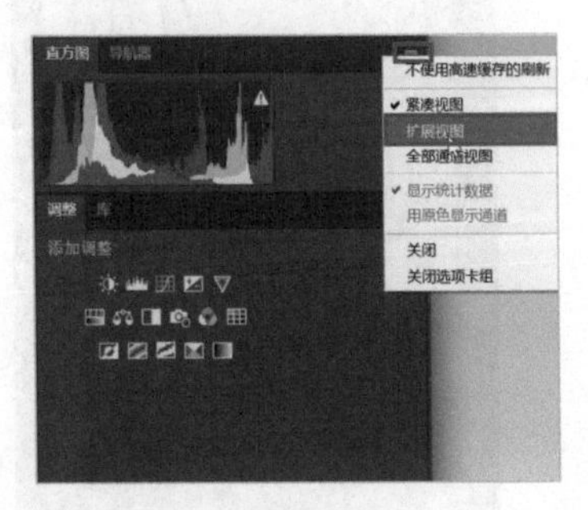

图 4-2-2

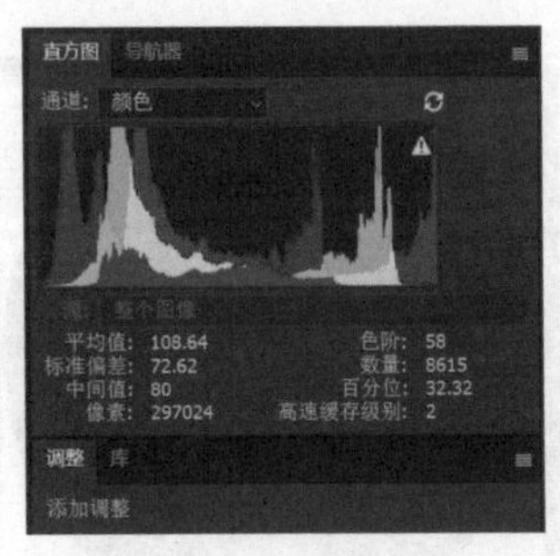

图 4-2-3

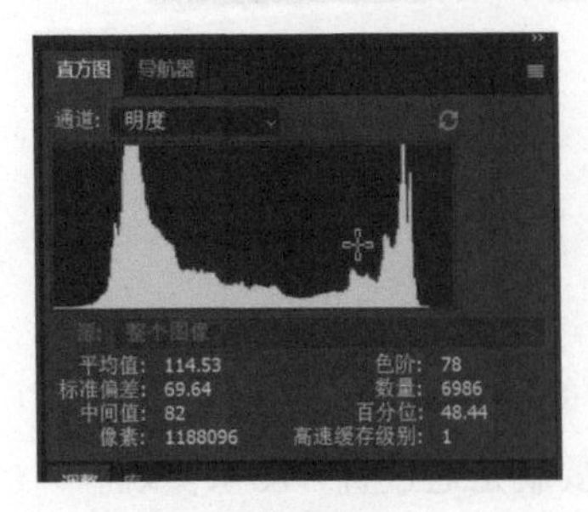

图 4-2-4

然后在直方图通道当中选择“明度”，在单色的状态下，可以更好地了解直方图的构成，如图 4-2-4 所示。

接下来再切换到这张照片，如图 4-2-5 所示，可以看到有纯黑纯白以及不同的明暗关系。在直方图上就可以看到有 8 条竖线，这 8 条竖线对应的是 8 种不同的亮度。直方图最左端靠近竖线的位置表达 0 级亮度，最右端表达 255 级亮度，一般亮度区域就位于中间，这样就初步清楚了直方图的构成。

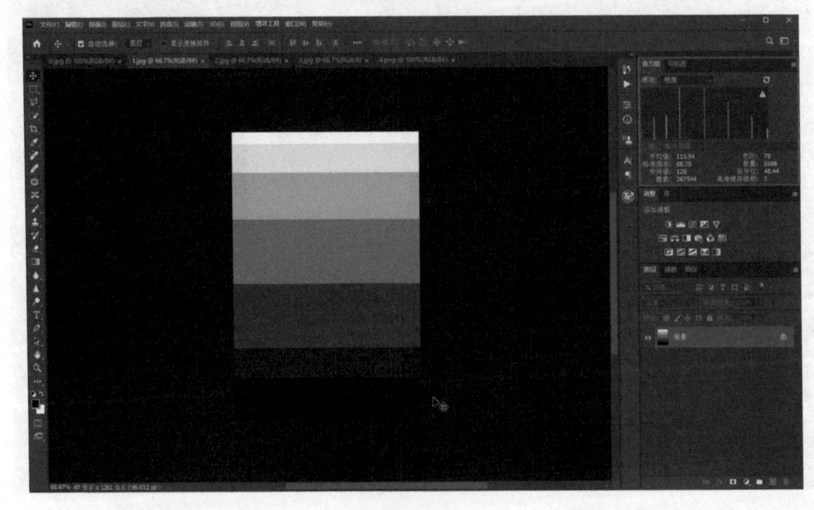
图 4-2-5

但一般的照片的明暗并不是跳跃性的，而是从黑到白平滑过渡的，如图 4-2-6 所示。

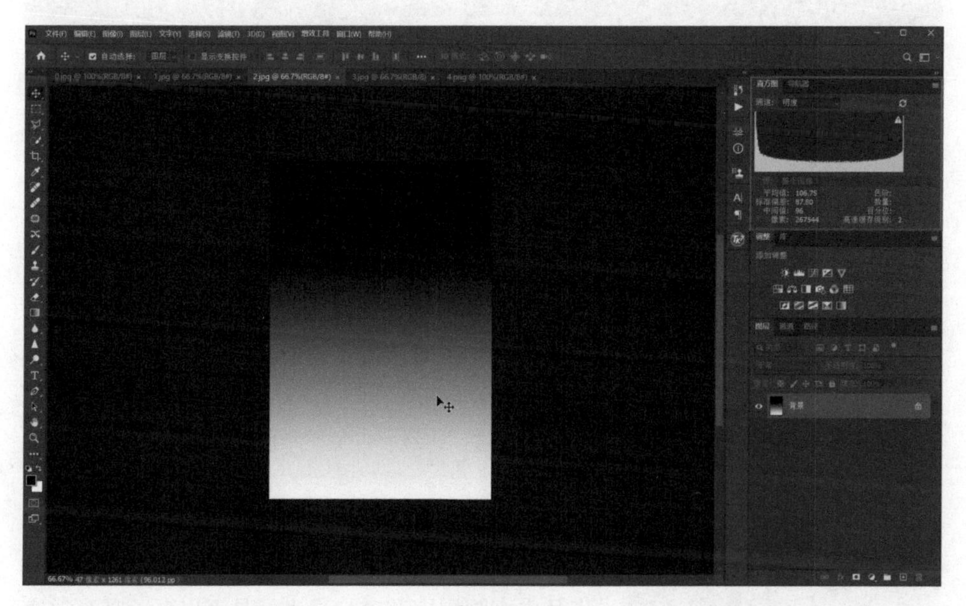

图 4-2-6

在某个位置单击可以看到下方的参数中有个 141，这表示这个位置像素的亮度就是 141，那么亮度为 141 的像素就有 654 个，如图 4-2-7 所示。

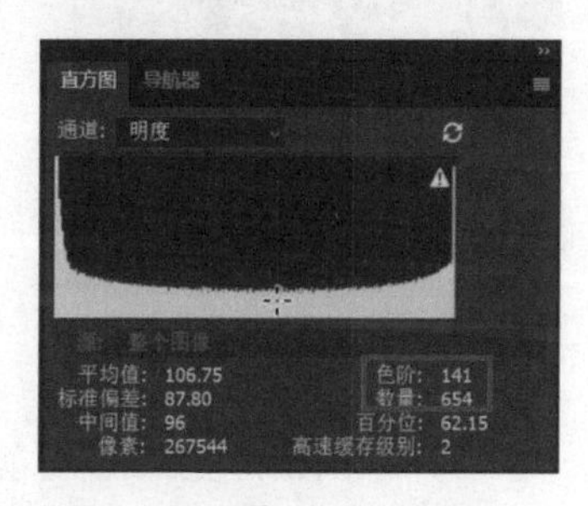

图 4-2-7

通过直方图，我们可以准确地描述和表达一张照片的亮度分布。对于彩色照片来说，除了衡量每个位置的亮度和记录每种亮度像素的数量，直方图还有助于我们分析和观察照片。举例来说，如果我们使用的计算机显示器不准确或者处于非常暗的环境中，我们可能会在观察照片时产生误差。例如，在漆黑的夜晚，手机屏幕会自动调暗，这会影响我们对照片明暗层次的判断。同样地，如果我们使用办公室的计算机，其显示器并不十分准确，也会影响我们对照片明暗层次的判断。在这种情况下，可以借助直方图作为指导，结合两者来观察照片，从而客观、准确地描述照片的明暗分布。这是直方图的另一个意义。

此外，借助直方图，我们还能全面、准确地分析照片的其他特征。比如这张照片，如图 4-2-8 所示。

图 4-2-8

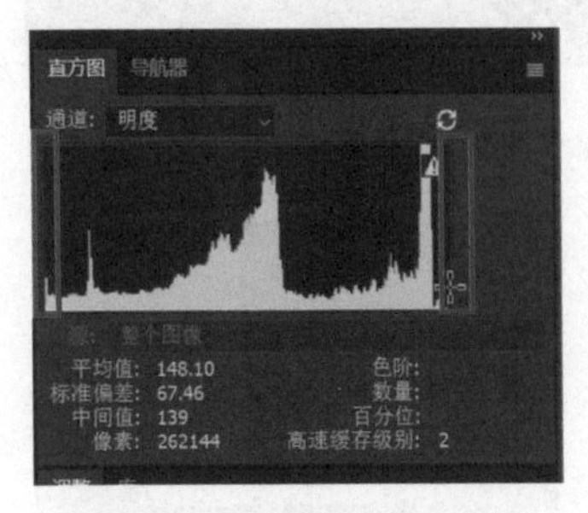

图 4-2-9

我们可以通过直方图来判断墙上挂着的摄影作品中太阳周围和窗户高光处是否出现了曝光过度现象。分析照片中的死白或死黑区域很重要，因为纯白和纯黑都无法表达照片的信息和细节。可以看到，右侧边线（即 255 级亮度位置）没有像素存在，如图 4-2-9 所示，这表示照片中最亮的位置并没有变为死白，恰恰相反，照片当中最黑的位置变为死黑了。

我们用眼睛直接判断可能会觉得照片中有高光溢出，但通过直方图却发现，照片中暗部死黑了，高光反而没有溢出。这是直方图的另外一个意义，就是帮助我们判断和分析照片的问题。

4.3 影调控制的核心逻辑：三大面 + 五调子

本节将讲解摄影后期影调调整最核心的理论：三大面和五调子。掌握了三大面和五调子，我们面对任何照片都不会茫然无措，至少会有一种修片思路，那就是将照片的影调调整到比较合理的程度，而指导思想就是三大面和五调子。所以说，三大面和五调子是摄影后期影调调整最核心的理论。

来看这张图片，如图 4-3-1 所示，根据光线照射物体的不同部位，我们可以将其分为亮面、灰面和暗面。亮面是直接受光最亮的区域，灰面是受光线斜射的区域，而暗面则是背光形成的阴影面。明暗交界线是暗面与灰面之间的边界线。此外，需要注意的是，在暗面中常常存在一些反光。这三大面以及反光与明暗交界线共同构成了 5 种影调，也称为五调子。在后期修图时，只要按照三大面和五调子来规划照片的影调层次和明暗关系，通常能够使照片呈现出美观的效果。

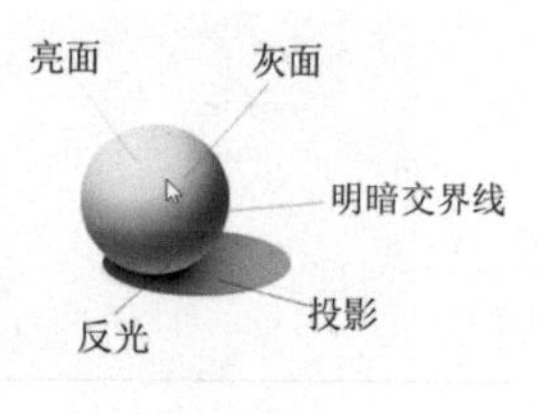

图 4-3-1

三大面和五调子是一种基于自然规律的美学理论。根据自然规律，光线照射到物体上应该形成三大面和五调子。通过将自然规律还原到二维平面上，我们可以使像素展现出三维空间的效果，为画面带来立体感，并使画面更加清晰干净。

下面来看这种理论的实际应用，如图 4-3-2 所示，线条图之前已经见过，隐约可以判断这是一个立方体，但是线条图不够真实没有质感。加上光影之后，画面出现了立体感，如图 4-3-3 所示。在这个图片当中，上方受光线直射的是亮面，正对的是灰面，右侧是投影或暗面，右侧的轮廓线就是明暗交界线，右侧面当中存在一些反光，可以看到它比地面的阴影亮度是要高一些的。三大面和五调子就决定了照片的立体感和影调层次。

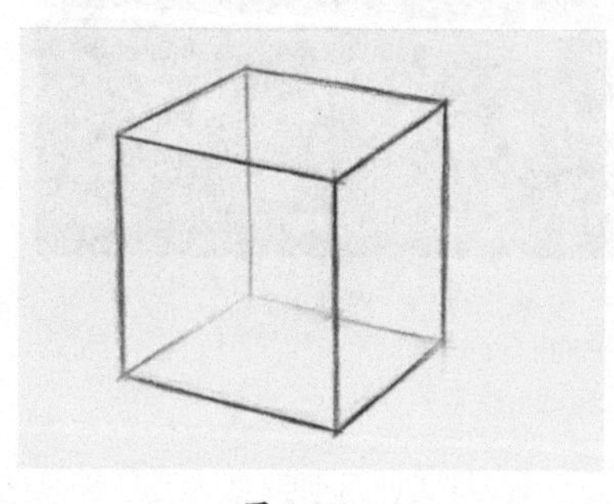

图 4-3-2

图 4-3-3

在实际应用当中，见到的照片或图片往往都是这个样子的，如图 4-3-4 所示。不像之前看到的立方体那么干净那么高级，现在这个立方体仍然能够看出三大面五调子，但问题在这个图片显得非常乱、非常杂，没有高级感，因为整个画面中太多杂乱的光线，这些光斑是本身明暗错乱的原因。

这个投影中的反光亮度太高了，不合理，再加上这些乱光我们都要进行调整，经过后期调整，画面就非常干净，非常高级，如图 4-3-5 所示。

图 4-3-4

图 4-3-5

在实际修片时可以看图 4-3-6 所示样图，靠近机位的这片区域有一些光线的散射，并且透过密林有一些光线照到地面上。本身这是非常自然的，但呈现在照片上感觉就特别碍眼，照片就显得比较乱，所以对这张照片进行后期处理。如图 4-3-7 所示，可以看到画面干净了很多，这就是后期处理的目的或者说最终要实现的效果。

图 4-3-6

图 4-3-7

4.4 用 ACR 优化照片全局影调

本节将讲解如何借助于 ACR 来对照片的基本影调层次进行初步的优化，为后续的精修做好准备。因为一般拍摄的 Raw 格式文件往往会发灰，亮部不够亮，暗部不够黑，所以画面整体灰蒙蒙的，影调层次不够合理。那么这时最好的办法就是借助 ACR 对照片的基本影调层次进行一个初步的优化，下面结合具体的照片来进行讲解。

分析照片问题

将 Raw 格式文件拖入 Photoshop，会自动在 ACR 中打开，如图 4-4-1 和图 4-4-2 所示。

图 4-4-1

图 4-4-2

Raw 格式文件之所以不够通透，是因为在拍摄时，设定 Raw 格式之后，相机会自动降低高光值，提高阴影的值，以确保暗部和高光位置的细节足够丰富，这就会导致画面当前的状态灰蒙蒙的，不够通透。针对这种情况，我们将 Raw 格式文件载入 ACR 之后，主要是在基本面板中进行一个初步的优化。如图 4-4-3 所示，观察直方图可以看到当前的照片是全影调的，也就是说最暗的像素已经到了纯黑，最亮的已经到了纯白，但是整体灰蒙蒙的，这表示中间区域的反差是比较小的。

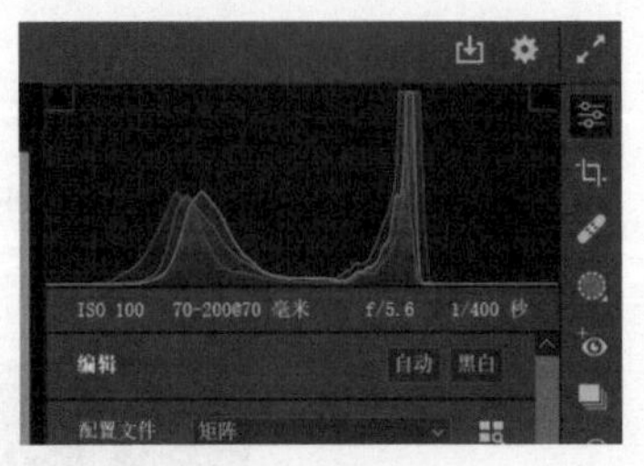

图 4-4-3

调整影调

最简单的办法是直接提高对比度的值，让画面的反差变大，照片就会变得更通透一些，如图 4-4-4 所示，可以看到反差变大之后照片通透了很多。

图 4-4-4

远处天空部分白茫茫一片，无法分辨出很好的层次，针对这种情况可以降低高光的值，如图 4-4-5 所示。高光对应的是亮部的层次，所以我们降低高光值，可以看到远处的天空被追回了大量的层次细节。

图 4-4-5

当前的暗部也就是阴影部分效果还可以，各种层次细节比较清晰，那么针对这种情况就没有太大的必要调整阴影。如果感觉当前的阴影不够暗，导致反差依然不够，我们还可以稍稍降低阴影的值，如图 4-4-6 所示。

图 4-4-6

看直方图的白色，最亮的像素已经到了 255 级亮度，但是像素比较少，所以针对这种情况，可以稍稍提高“白色”的值，如图 4-4-7 所示。

图 4-4-7

当前画面基本的影调已经初步调整到位，如果感觉画面整体稍稍有些偏暗，可以稍稍提高曝光值，使直方图的波形整体往右偏移，如图 4-4-8 所示，画面的明暗会更合理一些。

图 4-4-8

可以观察到照片依然不够清澈通透，但我们已经将对比度提到了最高，这是因为整个拍摄场景中散雾比较多，本身灰雾度就比较高。针对这种情况，可以在下方稍稍提高“去除薄雾”的值，从而让照片整体显得更通透，如图 4-4-9 所示。

图 4-4-9

下方还有“纹理”和“清晰度”两个参数。“清晰度”强化的是景物轮廓与周边的差别，稍稍提高清晰度的值使照片中景物的轮廓更加清晰，如图 4-4-10 所示。

图 4-4-10

而“纹理”这个值强化的是像素级的清晰度或说是锐度。提高“纹理”值之后可以看到仿佛对画面进行了锐化，细节更清晰锐利，如图 4-4-11 所示。

图 4-4-11

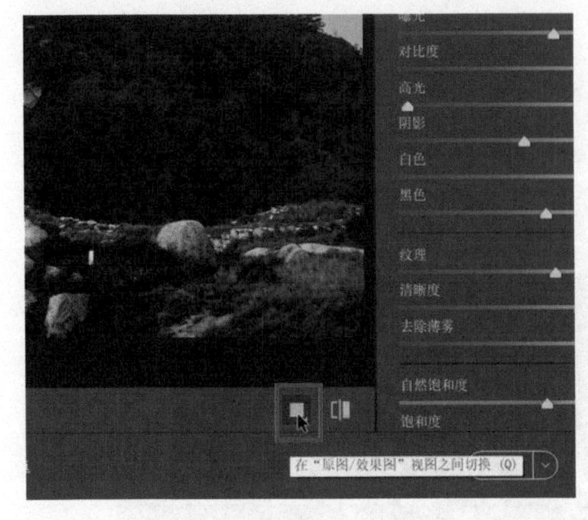

图 4-4-12

对比效果

至此，这张照片的影调层次就得到了很好的优化，可以单击照片显示区右下角的“在‘原图 / 效果图’视图之间切换”按钮，对比原照片与处理之后的照片效果，如图 4-4-12 和图 4-4-13 所示。可以看到，处理之后画面显得非常清澈通透，也非常干净，而原照片灰蒙蒙的，给人烦躁和压抑的感觉。这是 ACR 最主要的一个功能，就是将相机拍摄的 Raw 格式文件进行初步的优化，让照片的细节显得更丰富，影调层次更合理，整体画面更通透。

图 4-4-13

这样我们就完成了这张照片的基本优化，后续再次打开时对照片的基本优化依然存在。

4.5 初学者的利器：ACR 蒙版工具

根据直方图和具体画面显示，我们对照片进行了基本影调层次的优化。然而，根据三大面五调子的基本理论，我们发现照片仍然存在问题，例如局部可能存在乱光，明暗分布也不够合理。因此，我们需要对照片的局部进行优化。有多种方式可以对照片的局部进行优化。本节将介绍一种对初学者友好且相对简单的方法，即利用 ACR 中的蒙版功能来对照片的局部进行优化。通过使用蒙版功能，我们可以有针对性地调整照片的局部部分，以达到更好的效果。

打开照片

单击选中处理过的 Raw 格式文件将其拖入 Photoshop，自动载入 ACR，如图 4-5-1 和图 4-5-2 所示。可以看到已经加载了之前进行过的基本调整，当前的照片有一些局部的明暗不合理，比如说这些背光面应该暗下来，但是现在感觉不是那么暗，就导致画面的整体影调层次显得不够理想，包括作为主体的建筑物背光面亮度也稍稍有些高，导致建筑物的立体感不够强。

排序
查看
光影调整的思路与实战 › 第4章 素材
在 第4章 素材 中...
DSC03027.ARW
DSC03027.xmp
XMP
DSC03027.ARW
ARW 文件
拍摄日期: 2020/8/1 7:17
分辨率: 7952 x 5304
大小: 41.1 MB
照相机制造商: SONY
照相机型号: ILCE-7RM2
ISO 速度: ISO-100
光圈值: f/5.6
曝光时间: 1/400 秒
曝光补偿: -1 步骤
曝光程序: 光圈优先级
测光模式: 图案
闪光灯模式: 无闪光，强制
焦距: 70 毫米
辑照片
整灯光和颜色并删除内容。
+ 复制
浏览教程
DSC03027.ARW
DSC02992.ARW

图 4-5-1

Camera Raw 15.3

图 4-5-2

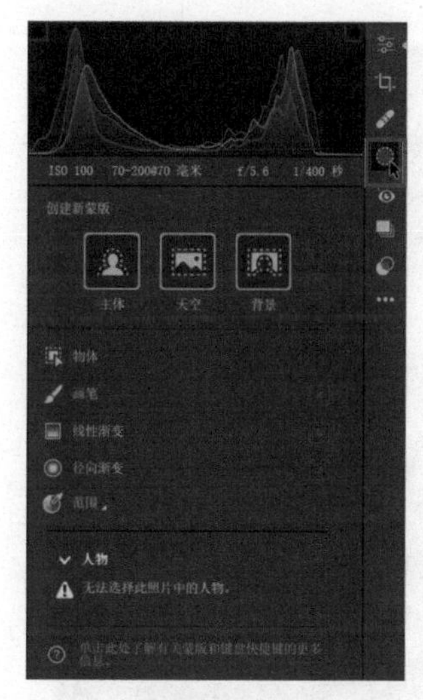

图 4-5-3

单击 ACR 界面右侧的蒙版工具按钮，进入蒙版界面，如图 4-5-3 所示。进入蒙版界面之后可以看到有多种不同的功能，上方的主体、天空、背景等，这是新增的一些 AI 的选择功能，后续会单独进行介绍。

画笔

这里主要讲解画笔、线性渐变、径向渐变等几项非常重要的局部工具。对于这张照片我们要压暗背光面，可以直接单击选择“画笔”，如图 4-5-4 所示。打开画笔之后有多种画笔选项，一般来说要将“羽化”提到最高，其他几个参数保持默认。“大小”是指所使用的画笔直径大小，要改变这个“大小”值可以直接拖动“大小”滑块，也可以单击鼠标右键并按住进行左右拖动，如图 4-5-5 所示。

图 4-5-4

图 4-5-5

下方是画笔的调整参数，降低“曝光”值，降低一点“黑色”的值，降低一些“阴影”的值，然后适当缩小画笔直径在背光面进行拖动，如图 4-5-6 所示。

这样就压暗了背光山体的亮度，单击蒙版面板右上角的“切换可见性”按钮来观察压暗之前的画面，如图 4-5-7 所示。然后再松开鼠标观察压暗之后的画面，可以看到背光的山体部分再次被压暗，如图 4-5-8 所示。

创建新蒙版
新建蒙版
新建画笔
添加
显示叠加（自动）
亮
曝光
对比度
高光
阴影
白色
黑色
颜色
色温
色调
色相
打开
取消
完成

图 4-5-6

创建新蒙版
蒙版 1
画笔 1
添加
减去
显示叠加（自动）

图 4-5-7

图 4-5-8

对长城的这个背光面，如果想要进行轻度的压暗，不使用当前的参数，可以单击面板上方的“创建新蒙版”，在弹出的菜单中选择“画笔”，如图 4-5-9 所示。这样会新建一个蒙版，参数已经被归零了，稍稍降低“曝光”值，降低“黑色”的值，降低“阴影”的值，在背光的主体的位置进行涂抹，压暗长城的背光面，如图 4-5-10 所示。这样可以让整个长城的受光面和背光面差别更大，画面显得更立体。

图 4-5-9

图 4-5-10

图 4-5-11

再次创建一个新蒙版，如图 4-5-11 所示，然后稍稍提高“曝光”值，缩小画笔直径，在受光面进行拖动涂抹，如图 4-5-12 所示。这样明暗差别更大，画面的立体感更强。

图 4-5-12

在每个蒙版的下方都有一个“添加”和“减去”按钮，如图 4-5-13 所示。

“添加”就是在同一个蒙版下用相同的参数，进行调整，“减去”就是要减去过多涂抹进来的部分。如果我们要使用其他不同的参数，那就需要创建新蒙版，一个蒙版下无论是画笔工具还是其他工具，它的参数都是相同的。

图 4-5-13

图 4-5-14

线性渐变

接下来观察画面，会发现整个天空部分的亮度还是稍稍有些高，因此可以再次单击“创建新蒙版”，选择“线性渐变”，如图 4-5-14 所示。然后由画面最上方向下拖动制作一个渐变区域，向下拖动两条线，中间的上下两条线中间是过渡区域，下方是不进行调整的区域，上方是完全进行调整的区域，如图 4-5-15 所示。

图 4-5-15

稍稍降低“黑色”值，可以看到天空被压暗，然后稍稍提高“纹理”与“清晰度”值，增加天空的锐度，如图 4-5-16 所示，这样我们就对局部的光影进行了一些简单的调整。

图 4-5-16

径向渐变

画面左侧应该是光线投射的位置，我们可以创建一个新蒙版，选择径向渐变，如图 4-5-17 所示。制作一个径向的区域，模拟光线由画面左上方向右下方投射的效果。稍稍提高“曝光”值，因为光线往往会偏暖一些，所以可以加一点暖光，将“色温”值稍稍提高一些，如图 4-5-18 所示。

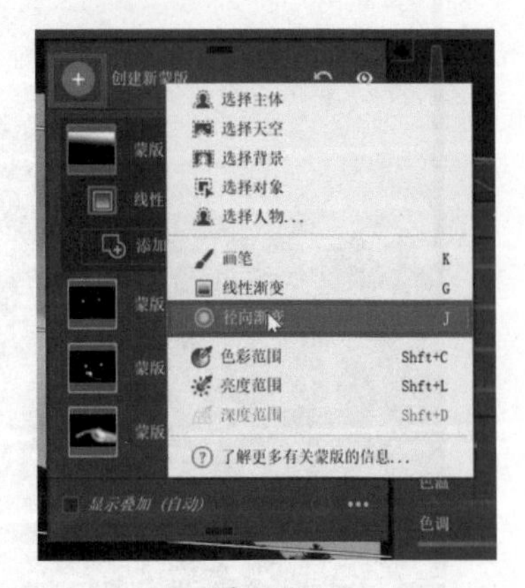

图 4-5-17

接下来检查照片当中的问题，画面左上角有一个轻微的暗角。可以使用其他工具将其修掉，比如说用修复工具在这个位置涂抹，将左上角这个比较轻微的暗角修掉，如图 4-5-19 所示。

图 4-5-18

图 4-5-19

回顾一下可以发现，对于照片的全局和局部的调整，特别是影调层次调整方面，借助于 ACR 是可以实现比较好的调整的，能完成大部分的调整工作。并且它比较简单，比较容易理解，对于初学者来说是非常友好的，初学者可以直接上手而不需要掌握过于复杂的一些软件操作技巧。

4.6 Photoshop 影调控制：曲线调影调

本节将讲解如何用曲线来调整照片整体以及局部的明暗，最终让照片的影调层次变得非常合理。

首先打开素材照片，如图 4-6-1 所示。可以发现经过之前的反复调整，当前照片整体的影调层次以及局部相对都比较合理了，但是依然存在一些问题。比如，画面整体开始变得朦胧，没有开始通透了，受光面修掉了一些岩石之后，感觉还是深浅不一，显得比较乱。

图 4-6-1

曲线调整

在右侧的调整面板当中展开“单一调整”，创建曲线调整图层，同时打开了“曲线”调整面板，如图 4-6-2 所示。

我们要调整的是受光面明暗不匀的问题，比如有些草显得颜色比较浅，有的比较深，另外画面整体的层次感显得比较朦胧不够通透，针对这种情况，可以先对这片草地进行调整，对一些比较暗的位置进行提亮。

现在，“曲线”面板中间有一个直方图，并且有一条倾斜的直线，这条直线就是曲线。在这条曲线的任何一个位置单击，如图 4-6-3 所示，可以看到下方出现了“输入”和“输出”两个值。因为我们在单击时出现了一定的位置移动，导致这两个值不一样，正常来说中间这条斜线上的输入和输出值应该是一样的，“输入”就是当前所选择某一个位置的亮度是 110，“输出”是调整之后的。

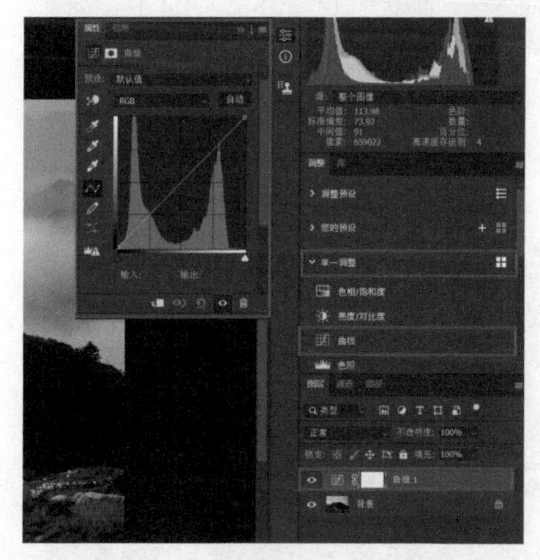
图 4-6-2

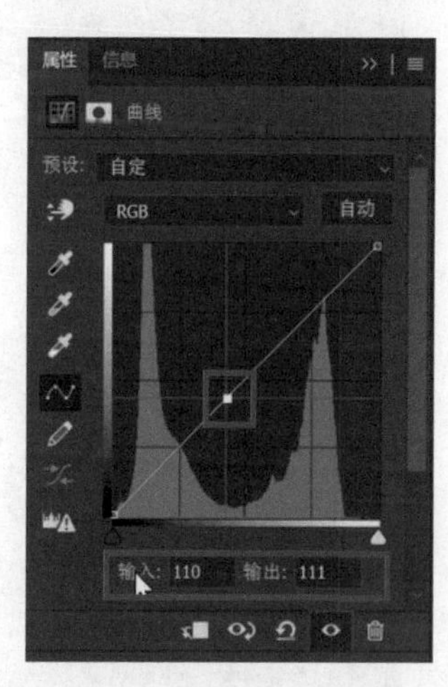

图 4-6-3

点住这个锚点向上或向下拖动这条曲线，如图 4-6-4 所示，可以看到输入值保持不变，输出值变大，表示我们将亮度为 110 的像素提升为了 130。但是曲线是平滑过渡的，这就会导致拖动这个位置的像素变化之外，与明暗相近的一些像素也会发生变化。

图 4-6-4

再次向上拖动曲线进行一定的提亮，如图 4-6-5 所示，我们要提亮的是受光面一些比较暗的位置，但现在画面整体的亮度都发生了变化。

图 4-6-5

按键盘上的 Ctrl+I 组合键对蒙版进行反向，如图 4-6-6 所示。

图 4-6-6

选择画笔工具，缩小画笔直径的大小，降低“不透明度”和“流量”，在一些比较暗的位置上进行涂抹，将这些位置变亮，如图 4-6-7 所示。可以看到在这些位置进行涂抹，就还原出了曲线的提亮效果。

图 4-6-7

草坪上有一些位置亮度还比较高，因此可以再次创建一个曲线调整图层，向下拖动曲线，将画面整体压暗，如图 4-6-8 所示。但我们要压暗的只是草坪上一些局部的区域，所以依然按 Ctrl+I 组合键对蒙版进行反向，隐藏曲线的调整效果，如图 4-6-9 所示。

图 4-6-8

图 4-6-9

再次用画笔，前景色为白色，在一些过亮的位置上反复涂抹，如图 4-6-10 所示，可以发现这片草坪干净了很多。

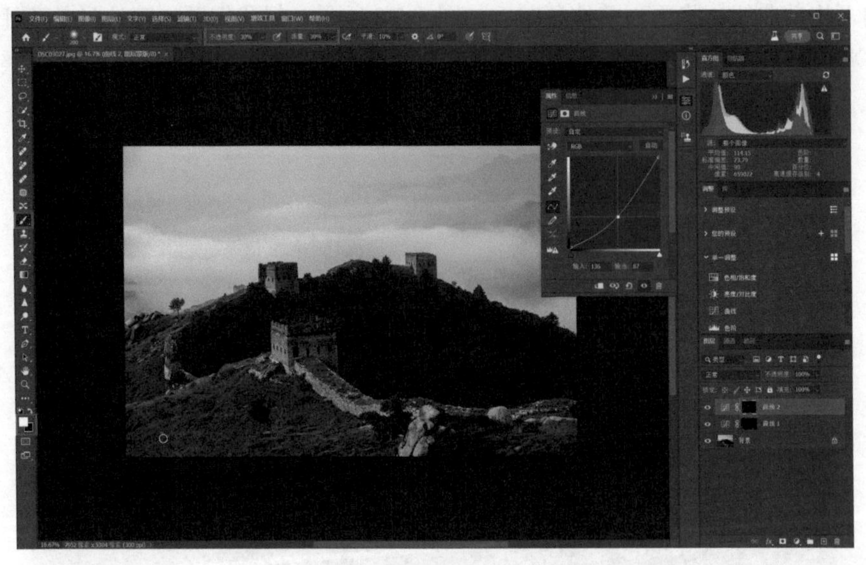

图 4-6-10

创建一个曲线调整图层，让暗部更暗一些，亮部更亮一些，增强照片的反差，这样画面的通透度就会得到提升，如图 4-6-11 所示。

图 4-6-11

基本上这张照片就调整完毕了，但是如果仔细观察，可以发现高光部分的层次损失的比较多，因此可以再次创建一条曲线，向下拖动进行压暗，如图 4-6-12 所示。

图 4-6-12

然后使用画笔，把“不透明度”和“流量”值提高一些，前景色变为黑色，进行涂抹，还原出应有的亮度，降低图层的不透明度。最终这张照片的影调就调整完成了，如图 4-6-13 所示。

图 4-6-13

最后按住键盘的 Alt 键，单击背景图层前的小眼睛图标，隐藏上方的所有图层，看调整之前的画面效果，如图 4-6-14 所示。再次按住 Alt 键单击，显示出调整之后的画面效果，如图 4-6-15 所示。可以看到，调整之后画面整体变得更干净，效果更好。

图 4-6-14

图 4-6-15

去除污点

单击选中最上方的曲线蒙版调整图层，按键盘的 Ctrl+Alt+Shift+E 组合键盖印一个图层出来，就是相当于将所有的调整效果，压缩到了这个图层当中，如图 4-6-16 所示。然后选择污点修复画笔工具点掉这个污点，如图 4-6-17 所示，这样这张照片的调整就完成了。

图 4-6-16

图 4-6-17

本节的重点主要就是理解曲线向下拖动或向下拖动对照片带来的改变。这个功能设计其实非常简单，从输入和输出值的变化就可以判断出来。另外曲线是平

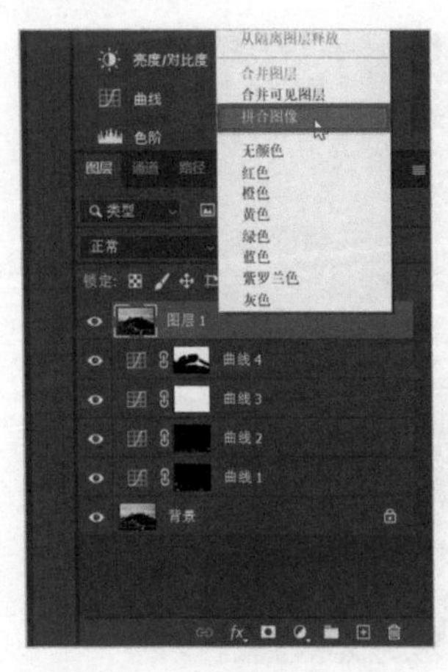

图 4-6-18

滑过渡的，所以就导致整体变亮会变暗。曲线有非常非常多的功能，大家可以逐步探索曲线的功能和使用方法。

调整完成之后，可以右键单击某个图层的空白处，在弹出的快捷菜单中选择“拼合图像”，如图 4-6-18 所示。

单击打开“编辑”菜单，选择“转换为配置文件”，如图 4-6-19 所示。这张照片原来的色彩空间是 Adobe RGB，需要转为 sRGB，单击“确定”按钮，如图 4-6-20 所示。

图 4-6-19

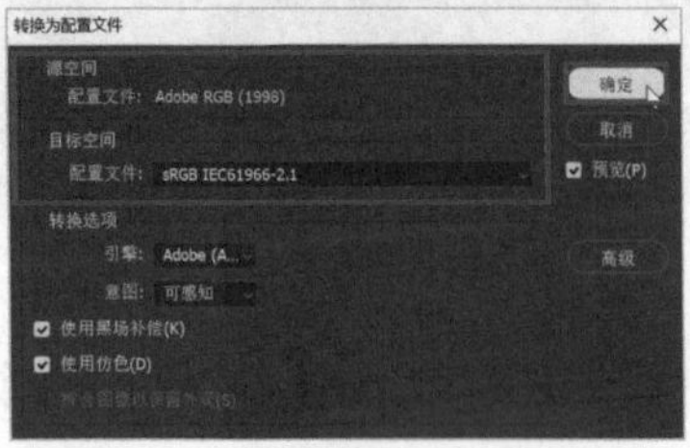

转换为配置文件
源空间
配置文件：Adobe RGB (1998)
目标空间
配置文件：sRGB IEC61966-2.1
转换选项
引擎：Adobe (A...
意图：可感知
使用黑场补偿(K)
使用仿色(D)
确定
取消
预览(P)
高级

图 4-6-20

再将照片存储为 JPG 格式，对这个文件进行重新命名保存即可。

第 5 章
调色原理与实战

本章将讲解摄影后期调色的原理以及具体的工具使用。通过学习调色原理，结合受原理指导的一些工具进行调色，就可以将照片的色彩校正到非常准确的程度，让照片的色彩变得更具表现力。具体来说，本章的调色原理主要包括参考色原理、混色器调色、混色原理以及渲染色原理等。

5.1 参考色原理与白平衡调整

参考色原理是指以某种色彩作为参考来还原其他色彩的表现力的颜色。首先打开照片，如图 5-1-1 所示，可以看到完全相同的红色，分别放在蓝色黄色和白色的背景当中，肉眼看去这些颜色给我们的直观感受是不一样的，而实际上又是相同的色彩。

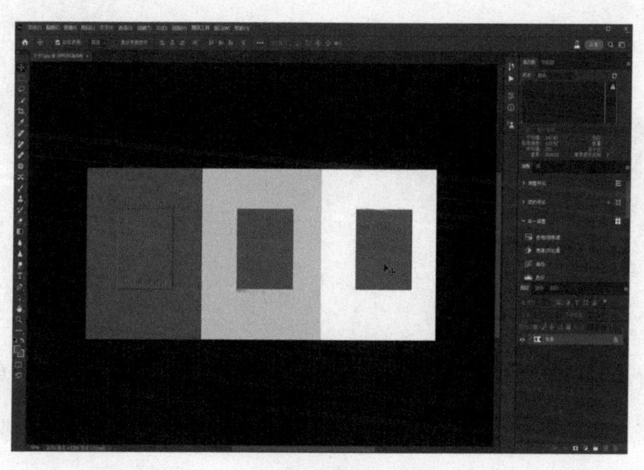

图 5-1-1

在摄影和后期调色中，最准确的参照色是白色。无论是相机还是软件，都以白色作为参照来还原其他色彩，以获得最准确的效果。白平衡调色就是利用这个原理，在不同场景中找到白色，并以此为基准来还原其他颜色，使它们达到平衡。掌握了白平衡的原理，我们可以对不同的照片进行白平衡校正。接下来，看一些具体案例。

将照片拖入 Photoshop，因为拍摄的是 RAW 格式，所以会自动载入 ACR 中，如图 5-1-2 和图 5-1-3 所示。可以看到当前照片蓝色是非常重的，近处的木栈道上面有一层雪，而我们知道雪是白色的。除白色之外，中性灰、黑色等也可以作为参照色，因为无论白色、中性灰还是黑色，本质上都是无彩色，都可以作为白平衡的参照色。

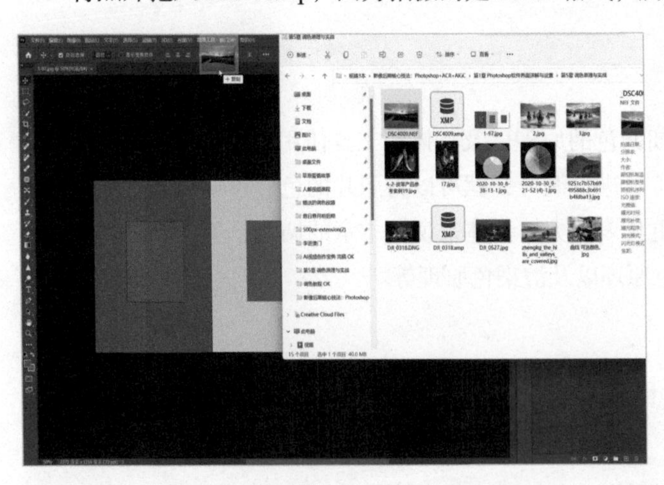

图 5-1-2

图 5-1-3

基本面板的白平衡右侧有一个吸管图标，称为白平衡工具，如图 5-1-4 所示。

图 5-1-4

在白色的雪地上单击，可以看到画面整体色彩得到了校正，如图 5-1-5 所示，这才是我们眼睛看到的颜色。

图 5-1-5

有些时候校正的色彩可能没那么准确，这时就可以通过拖动“色温”和“色调”滑块再次对白平衡校正的效果进行微调，降低“色温”值，如图 5-1-6 所示。

图 5-1-6

校正之后再对照片的影调进行简单的调整。单击“自动”按钮，在此基础上微调，让最终的效果更准确，如图 5-1-7 所示。

图 5-1-7

5.2 初学者最易上手的 ACR 混色器调色

本节将讲解一种非常简单，也是最常用的调色思路，即借助于 ACR 中的混色器来进行调色。这种调色方式非常简单，对初学者比较友好，初学者只要打开这个功能，通过观察照片的色彩分布，直接进行调整就可以了。

整体影调调整

打开要调整的照片，如图 5-2-1 所示。可以看到此时的照片影调是有一些问题的，整体比较暗，因此切换到“基本”面板，单击“自动”按钮，在此基础上微调，对照片整体进行影调层次的优化，如图 5-2-2 所示。

图 5-2-1

几何畸变调整

切换到“几何”面板，在其中对画面的几何畸变进行调整，最简单的是直接单击“A”，如图 5-2-3 所示。

但是校正的效果不算特别理想，特别是两侧的线条还有畸变，针对这种情况可以单击右侧的“通过使用参考线来进行调整”，如图 5-2-4 所示。

图 5-2-2

图 5-2-3

图 5-2-4

在照片中应该为竖直的线条建立参考线。在这些位置单击并按住鼠标上下拖动，沿着原有的线条创建一条参考线，然后再在画面左侧的线条上用同样的方法创建一条参考线，可以看到松开鼠标之后，画面的几何畸变得到了很好的校正，如图 5-2-5 和图 5-2-6 所示。

图 5-2-5

图 5-2-6

单击上方的“编辑”按钮去掉参考线，如图 5-2-7 所示。

图 5-2-7

色相调整

单击打开“混色器”面板，其中有“色相”“饱和度”和“明亮度”三组选项卡，如图 5-2-8 所示。

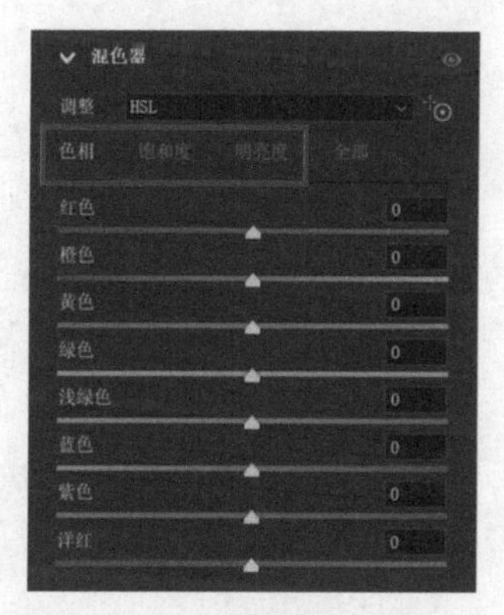

图 5-2-8

色相是指不同的色彩之间的差别。首先将“红色”滑块向橙色方向拖动，可以看到左侧建筑物上一些非常红的色彩开始变得橙了一些，如图 5-2-9 所示。

图 5-2-9

然后将“黄色”滑块向黄色方向偏移，可以看到原本黄绿的色彩变得更黄一些，如图 5-2-10 所示。

图 5-2-10

而对于近景中有一些绿色的色彩，可以将偏黄绿的这种色彩向偏蓝、偏黄绿的方向拖动，如图 5-2-11 所示。经过这样简单的调整可以看到，画面的色彩虽然依然有很多色相，但是这些色相正在迅速聚拢，画面整体的色彩就会变得更干净一些。

图 5-2-11

饱和度调整

图 5-2-12

接下来切换到“饱和度”选项卡，降低橙色的饱和度，偏紫的蓝色也稍稍降低一些，画面的饱和度整体上就更加相近了，如图 5-2-12 所示。

下面需要调整的是“明亮度”，即不同颜色的亮度。在这些建筑物上，降低橙色的饱和度后，发现有些闷，不够透亮。因此可以增加橙色的明亮度，让建筑物变得更加通透。同时，稍微降低黄色的亮度，使黄色与橙色的亮度更接近，避免画面出现明暗不匀的杂乱感。通过这样的调整，整个画面的色相、饱和度和明亮度趋向一致，使得画面整体更加清爽干净，如图 5-2-13 所示。

图 5-2-13

回到“色相”选项卡，将“紫色”稍稍向蓝色的方向拖动一些，避免建筑物过于偏紫，如图 5-2-14 所示。

图 5-2-14

回到“饱和度”选项卡，再次降低紫色和蓝色的饱和度，这样这张照片的色彩基本就调整完成了，如图 5-2-15 所示。

图 5-2-15

调整色彩非常简单直观，只需切换到对应的项目，并拖动色彩滑块即可。选择要调整的色彩滑块也很直观。例如，在色相调节中，两端对应着不同的色彩。

通常，我们需要让不同的色彩更接近一些，更相似一些，这样画面的色彩才会更清晰。但需要注意的是，在调整色彩之后，原本高饱和度的区域可能会使画面整体层次感和透明感更强。然而，由于我们将色彩聚拢并降低了一些饱和度，画面整体可能会显得有些沉闷。

对比调色前后的效果，如图 5-2-16 和图 5-2-17 所示，可以看到，调色之前的画面显得更通透一些，调色之后显得沉闷了。

图 5-2-16

图 5-2-17

增加通透度

这个时候可以回到“基本”面板稍稍提高对比度，还可以切换到“曲线”面板，在其中创建一条轻微的“S”形曲线，增加画面的反差，让照片再次通透起来，如图 5-2-18 所示。这样这张照片的调色就完成了。

图 5-2-18

通过混色器的调整，我们可以快速简单地对照片的色彩进行调整。对于夜景城市风光这样的场景，使用混色器是非常方便且功能强大的。需要注意的是，在新版本的 ACR 中，混色器被称为“混色器”，但在一些较老的版本中，它被称为“HSL 调整”，即色相、饱和度和明亮度的缩写。

5.3 混色原理与 Photoshop 调色工具

本节将讲解 Photoshop 最根本的调色原理及调色工具。

混色原理

在了解 Photoshop 最根本的调色原理之前，首先来看图 5-3-1 所示图片。自然界中有 7 种可见光线，而其他的 X 射线、紫外线、红外线等是不可见的，7 种可见光线对应的就是自然界中的 7 种不同色彩，分别是红、橙、黄、绿、青、蓝、紫。

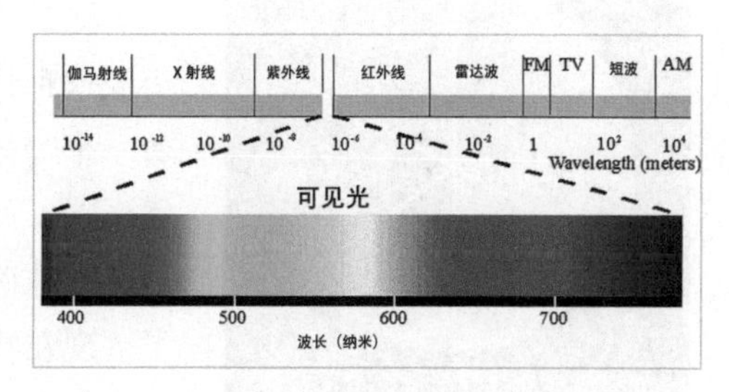

图 5-3-1

如果再次进行分解就会发生一些比较奇特的现象，比如黄色可以分解出红色和绿色，青色可以分解出绿色和蓝色，很多色彩其实是混合色，经过多次分解之后会发现自然界当中的光线，有三种基本的颜色，如图 5-3-2 所示。其他的所有色彩都是这三种颜色混合出来的，这三种颜色就被称为三原色，分别是红、绿、蓝。可以看到，黄色是由红色和绿色混合出来的，青色是由绿色和蓝色混合出来的，洋红色是由蓝色和红色混合出来的。由此我们可以知道，七色光其实都是由三原色混合出来的，那么所有的色彩就是由这种三原色混合而得到的。

Photoshop 就是针对三原色的特点而设计的不同调色功能。这三种色彩相对来说显得过于简单，为了描述更全面的色彩，人们往往使用色环来表现所有的色彩，如图 5-3-3 所示。在这个色环图上可以看到红、橙、黄、绿、青、蓝、紫。

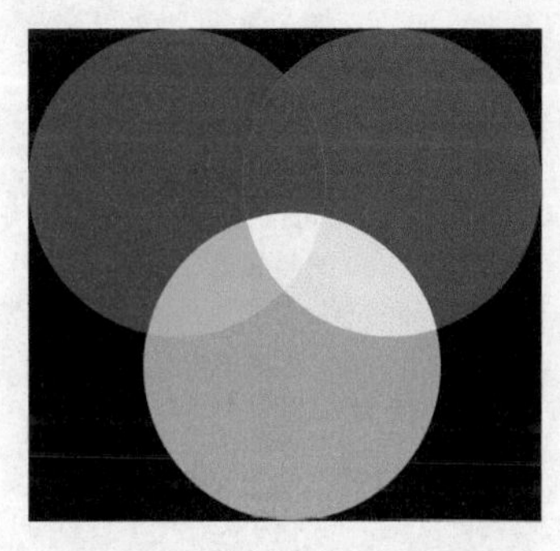

图 5-3-2

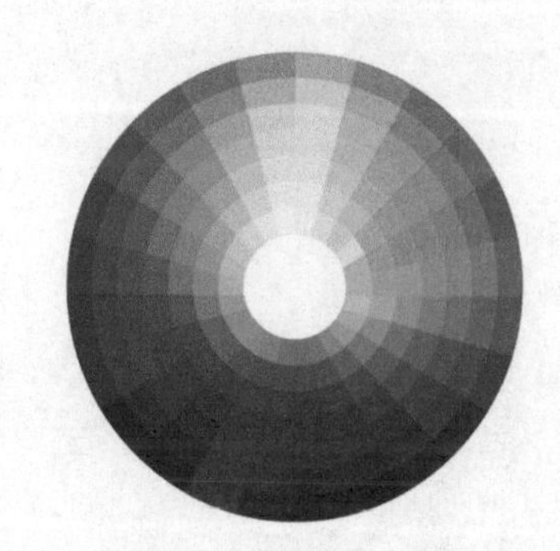

图 5-3-3

如果对这个色环图进一步研究，就会发现一个更奇特的现象，如图 5-3-4 所示，三原色与它所对直径另外一端的色彩互为补色。在三原色图上对比可以看到红色的互补色为青色、蓝色的互补色为黄色、绿色的互补色为洋红，Photoshop 中的色彩平衡调整就是应用了互补色原理。

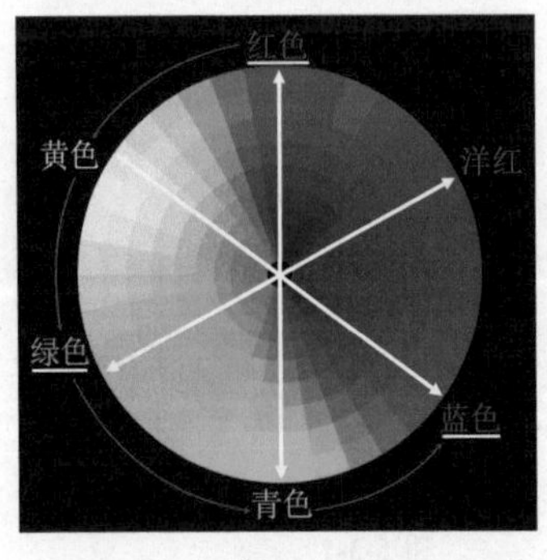

图 5-3-4

在真正掌握这种混色的规律之前，我们还应该知道一个知识点，即照片偏某一种色彩是因为受这种色彩光线的影响。比如在黄色的灯光下看一个物体，物体会偏黄，这是因为它受黄色光线影响。如果我们要将所看到的色彩调正，确保看到最准确的色彩，只要将光线化为白光就可以了。现在物体偏黄色，我们有两个选择：一个是减少黄色的比例，还有一个是增加蓝色的比例。改变混合比例确保两者混合得出白光，就可以让原本偏黄的景物色彩变得正常。如果色彩偏红，那么也有两个选择：降低红色的比例，或者增加青色的比例。所谓的混色原理就是调整三原色与相对色彩的比例，从而调出白色。

三原色和与它相加得白色的色彩称为互补色，绿色的互补色是洋红，蓝色的互补色是黄色，这种互补色相加得到白色。下面通过具体的案例来进行讲解。

实战案例

打开照片，可以看到画面中间偏黄色，如图 5-3-5 所示。

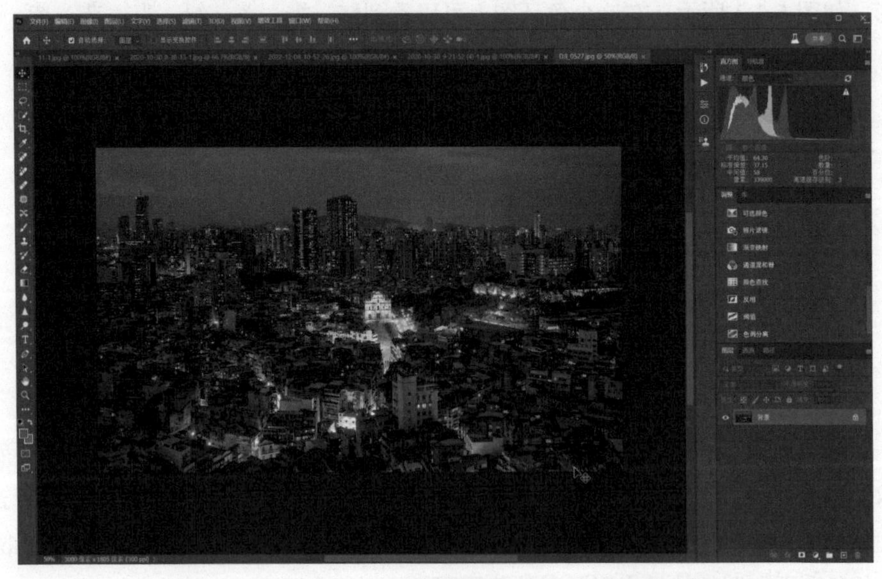

图 5-3-5

首先创建一个“可选颜色”调整图层。单击“可选颜色”，在后续的颜色通道当中选择黄色，如图 5-3-6 所示。如果要抵消黄色应该增加蓝色，但是这个列表中没有蓝色，所以我们就降低黄色，降低黄色就相当于增加蓝色，如图 5-3-7 所示。

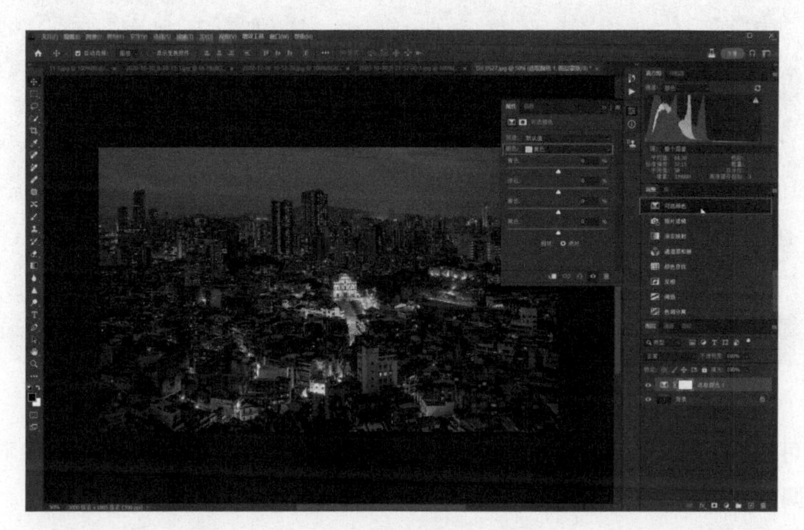

图 5-3-6

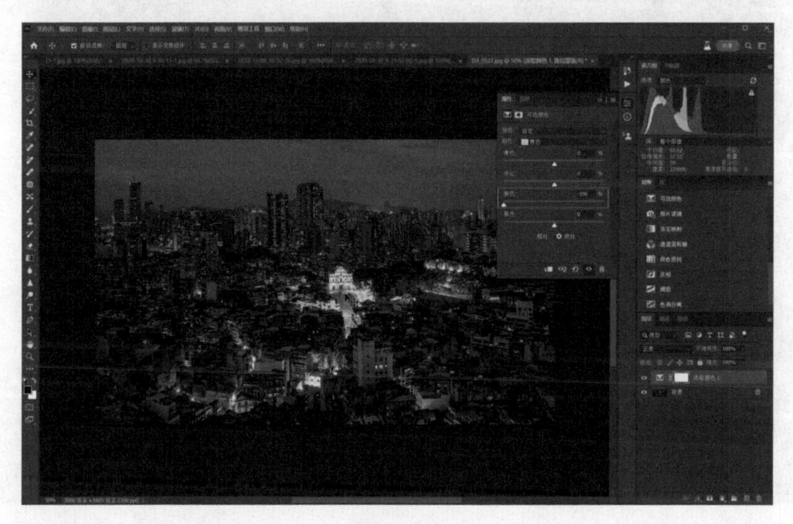

图 5-3-7

要降低红色，就可以增加红色的补色，即提高青色的值，偏红的问题就得到了解决，如图 5-3-8 所示。

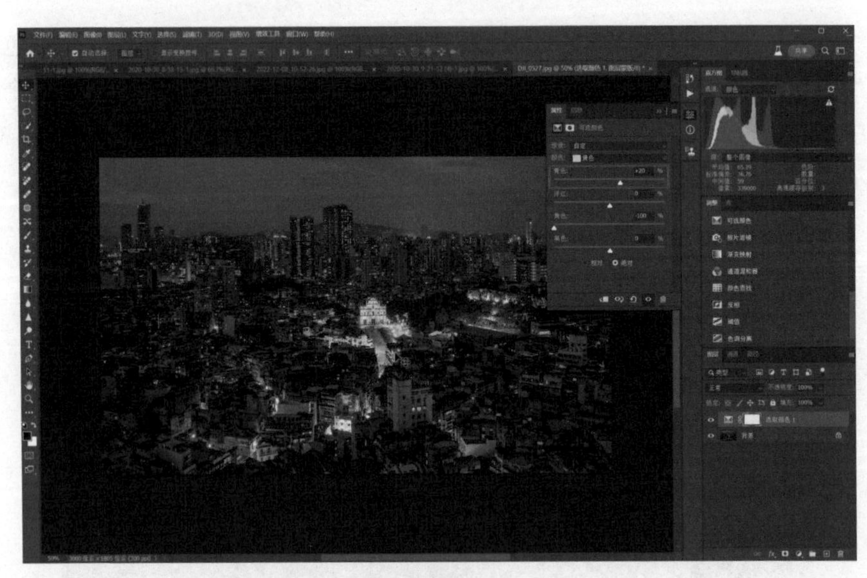

图 5-3-8

可选颜色的调整可让照片的色彩更符合我们的要求。接下来我们再来了解另一种调色方法，首先删掉可选颜色蒙版图层，如图 5-3-9 所示。

图 5-3-9

然后再次创建一个“色彩平衡”调整图层，在打开的面板中可以看到三原色及其补色，直接进行拖动调整即可，如图 5-3-10 所示。

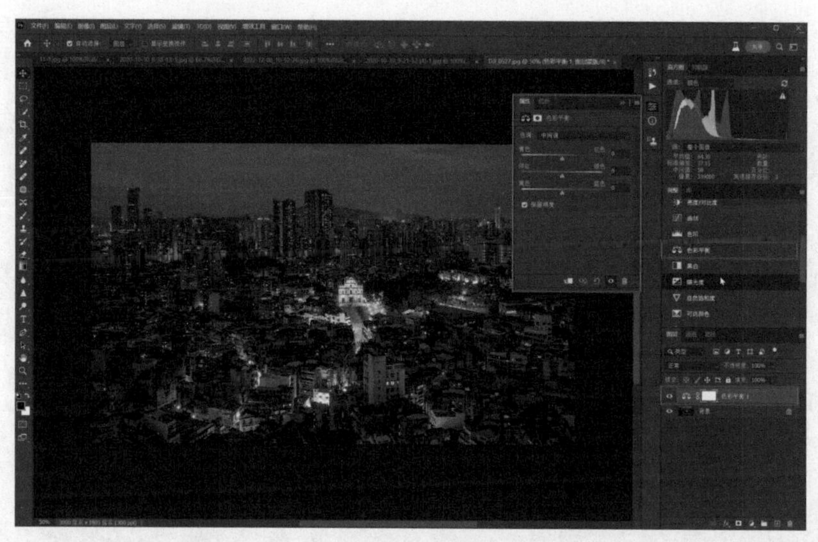

图 5-3-10

与“可选颜色”的设计逻辑不同的是，“可选颜色”直接选中某一种色系进行调整，而“色彩平衡”调整则是先限定调整的区域再调整。选择中间调，中间调偏蓝，因此直接降低蓝色，也相当于增加黄色，如图 5-3-11 所示。

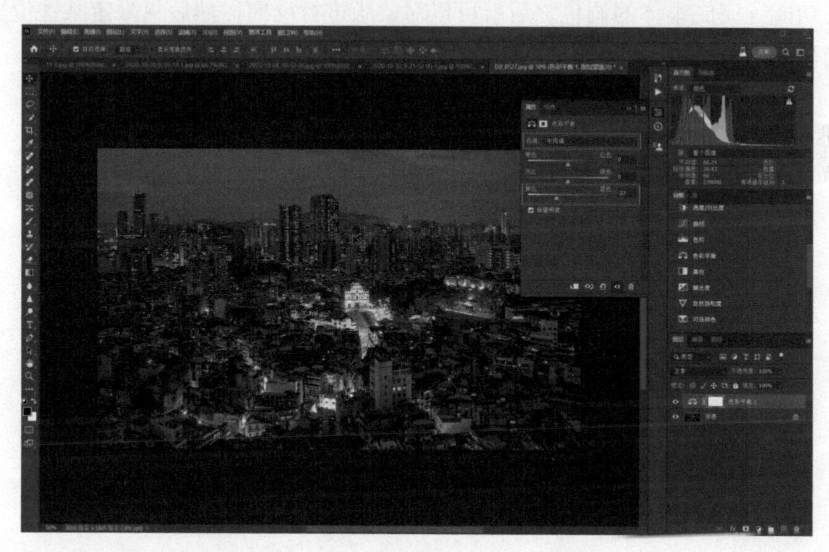

图 5-3-11

降低青色就是增加了红色，因为它们是互补色，经过这种调整，中间调区就不再偏蓝，如图 5-3-12 所示。

图 5-3-12

无论“色彩平衡”还是“可选颜色”都是以混色原理为最基本的原理来设计的功能，完成整体的调色之后就可以对蒙版进行反向，然后只限定某些位置进行调色。

第 6 章 提升照片艺术表现力

照片的艺术表现力是指照片所传达的情感、氛围和视觉效果。本章将介绍一系列方法和技巧，帮助读者理解并掌握如何使照片更具艺术性和表现力，为照片注入更多创意和个性，使之更具吸引力和感染力。

6.1 影调的合理性

本节将讲解直方图与照片影调的相关性，以及如何借助直方图来判断照片的影调，让照片的影调变得更加合理，从而提升照片的艺术表现力。

直方图与照片影调

打开照片，如图 6-1-1 所示，在界面的右上方可以看到直方图，无论是 ACR 还是 Photoshop 界面的右上方都可以看到直方图。之前已经讲过直方图的相关知识，现在来看这个直方图会发现，这张照片暗部的像素是非常少的，亮部像素也不算特别多，大部分像素都集中在中间调的区域。由此我们可以知道，缺乏暗部和高光像素的照片会不够通透，显得很闷。

要改变这种状态可以降低黑色，追回暗部的像素，如图 6-1-2 所示。当然不能让暗部的像素过多，导致左上角和右上角的三角标变白，变白之后就表示暗部有大量的像素变为死黑，就损失了暗部细节。至于当前显示蓝色，则表示暗部有蓝色信息的损失，损失蓝色像素会导致暗部的色彩发生一定的失真，但明暗的信息仍然存在。

图 6-1-1

图 6-1-2

对于高光区域提高白色，如图 6-1-3 所示，如果三角标变白那也是不行的。这样暗部与高光像素多了之后，可以发现照片的通透度得到了提升，而从直方图来看像素的分布更均匀，照片画面就好看了很多。

接下来就可以按照之前所讲的知识点，降低“高光”值追回亮部的一些层次细节，提高“阴影”值追回暗部的一些层次细节，如图 6-1-4 所示。

图 6-1-3

图 6-1-4

对于绝大多数照片，直方图的波形都是如此，从暗到亮分布是比较均匀，从纯黑到纯白都有像素分布，并且在纯黑和纯白位置没有出现大量像素堆积，这是比较合理的直方图。

对于这张照片，如果大幅度提高曝光值，如图 6-1-5 所示，可以看到直方图中大部分像素位于中间以及亮部区域，是一种向右斜坡状的波形，结合照片画面就可以看到这是曝光过度，是不合理的。

图 6-1-5

降低“曝光”值，如图 6-1-6 所示，发现大部分像素集中在直方图的左侧，也就是中间调以及暗部区域，很明显对应的是曝光不足的照片，也是不合理的。

图 6-1-6

由此可见，借助直方图可以很好地指导我们调整照片的明暗，在显示器不是很准确时，直方图就会显得更加重要。

除曝光过度和曝光不足之外，还有一种直方图的形式比较特殊。比如说对于当前照片大幅度提高“对比度”的值，会发现高光和最暗的部分细节都有损失，从直方图来看暗部和高光出现了大量的像素堆积，如图 6-1-7 所示。这是反差过高的画面，虽然通透度足够，但由于明暗的层次跳跃性太大，也导致照片不够合理，这又是一种直方图说照片明暗不合理的情况。

图 6-1-7

很多初学者喜欢大幅度提高对比度来提升照片的通透度，这就非常容易出现以上情况。所以在实际的修片过程中，我们要提高对比度，有时也要降低对比度，特别是对于一些反差过大的情况。

以上介绍了直方图的几种形态，首先是反差过小，然后曝光比较合理，之后是曝光过度和曝光不足，最后是反差过大。那么通过对一张照片演变几种不同的直方图，告诉我们与照片的对应情况，并结合具体照片的观察，我们就知道照片应该调整到什么程度才能有更好的艺术表现力。

特殊直方图对应的场景

实际上在摄影创作当中，我们可能会遇到非常复杂的情况，就是看起来直方图可能不合理，但照片画面很合理。下面来看 4 种比较特殊的情况。

首先看第一种，照片本身是一张黑白照片，如图 6-1-8 所示。画面的效果还是比较唯美有意境的，但看直方图我们就会发现，大部分像素集中在一般亮度区域，暗部和高光都缺少像素。但这张照片我们追求的就是这种朦胧唯美的意境，所以虽然看似反差过小，但实际上是一种比较特殊的情况，并不能仅凭直方图就认定照片的明暗不合理。

图 6-1-8

再来看第二种，如图 6-1-9 所示，这张照片暗部有像素损失，亮部有大片的像素堆积，中间调区域缺乏像素。从直方图判断这张照片是有问题的，但如果看照片画面就会知道这是一张非常简洁的、高反差的画面。在拍摄逆光场景时容易出现这种场景，光源位置出现大片高光，逆光的剪影区域出现大片比较暗的像素，而中间调区域缺乏像素。

图 6-1-9

再来看第三种，如图 6-1-10 所示。看直方图是一张明显曝光不足的照片，也是有问题的，但看照片画面就会知道夜景就是如此，如果把照片提亮，反而没有了夜景优美的意境。所以对于这种向左倾斜的斜坡状的直方图，也未必就是不合理的照片。

图 6-1-10

与之相对应的是第四种情况，如图 6-1-11 所示。这张照片整体亮度非常高，直方图是曝光过度的，但实际上拍摄一些比较明亮的场景，如海滩，特别是强光照射下的浅色海滩，还有雪景时，画面就应该是这种高亮的状态。看直方图是曝光过度的状态，而照片的实际画面合理，就是一种高调的风光照片。

图 6-1-11

以上总结了直方图的不同形式。对于一般照片，应该将直方图调整到何种状态，而在特殊场景下直方图可能会呈现哪些特殊的波形，掌握了这些知识，我们可以更好地理解一张照片的直方图，并且合理地控制照片的明暗。此外，在之前提到的对于三大面的塑造以及修饰特定点的操作是在具体的修图执行层面上，而对于画面整体明暗的把握，需要结合直方图和具体的画面来进行分析。只要我们掌握了直方图与画面之间的相互关系，就能更好地控制照片的曝光，从而提升照片的艺术表现力。

6.2 确定照片主色调

主色调与统一色调

本节将讲解如何对照片的色调进行控制，让照片画面更具艺术表现力。我们经常听到这样一句话，照片要色不过三。所谓色不过三，并不是指照片当中的色彩不超过三种，那也是不现实的，它是指照片的主要色调不要超过三种。就是说照片中，无论有多少种色彩，都要服从于照片单一的或一两种主色调，画面就会非常好看。下面通过具体的照片来进行讲解。

打开照片，如图 6-2-1 所示，可以看到画面的构图布局是非常合理的，并且画面的影调层次也比较理想，但从色彩的角度来看，各种不同的色彩非常明显，画面显得比较脏，不够干净，这是因为这些色彩与主色调的融合度不够好。右上角和右下角的蓝色与暖色的主色调的反差很大，而中间部分的水草色彩有的偏黄色，有的偏橙色，反差也大，这些色彩与主色调的融合度都不是很好。

图 6-2-1

再来看下一张照片，如图 6-2-2 所示，可以看到右上角和右下角的蓝色得到了减轻，不再那么明显，掺入了一定的暖色调，画面整体干净了很多，不再那么脏。这样初步统一了这张照片的主色调，也就是实现了初步的统一色调处理。

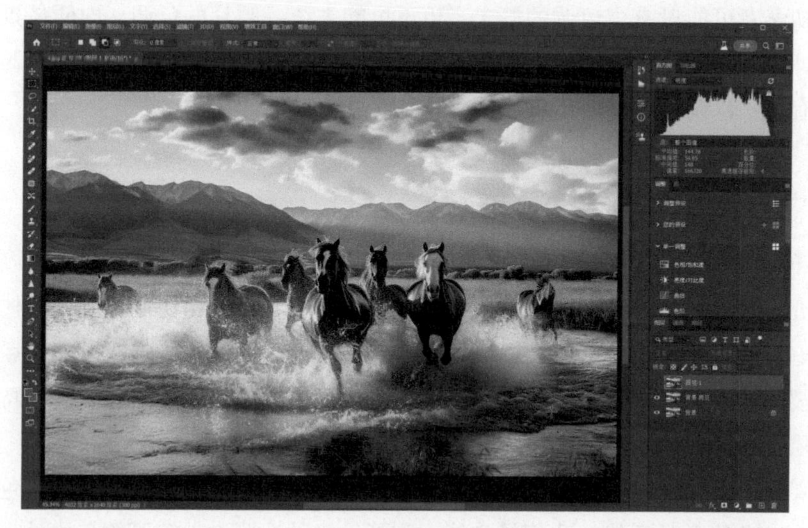

图 6-2-2

继续来看下一种效果，如图 6-2-3 所示。可以看到照片中的其他色彩掺入了更多的主色调成分，画面的统一色调效果就比较明显了，画面整体显得非常干净清爽，这是主色调的重要性。

图 6-2-3

和最初的图 6-2-1 所示照片对比一下，可以观察到虽然图 6-2-1 所示照片很通透，整体构图比较合理，但是画面表现力不够。统一色调之后画面表现力变得更好，类似于蓝色这种干扰色当中掺入了大量的主色调成分，画面效果就会比较理想。初学者可能没有主色调的概念，更不可能去统一照片的色调。即便是景物非常好，画面非常具有表现力，初学者拍出来的照片往往不够高级，最根本的原因是没有统一色调，没有确定非常明确的主色调，让其他色彩服务于主色调。

单色系、双色系与点缀色

下面讲解第二种非常重要的后期调色理论：单色系、双色系和三色系画面。之前介绍过，照片只有经过统一色调，画面的色彩才会变得协调，画面整体才会变得好看，如果没有统一色调，画面会缺乏最基本的美感。确定主色调之后，并不是要把所有的色彩都给干掉，全统一到主色调上，而是依然要保留一些特定的色彩层次，这时就会涉及三种具体的情况。

第一种是单色系，如图 6-2-4 所示这张照片画面中只有橙色这一种主色调，岸边有一些绿色的垂柳，我们给它统一到了偏橙的色彩上。除了橙色之外，中间的部分是一些灰色及黑色，这些灰色和黑色的区域构成了无彩色。也就是说，单色调的画面中一定要有无彩色，无彩色区域可以让观者的视线得到休憩，丰富画面的影调和色彩层次，避免画面显得太单调。

图 6-2-4

如果将中间的无彩色区域填满橙色，画面会显得不够自然，色彩过于喧闹，不真实。相反，无彩色区域反而成了画面的重点，形成了单色系。这种单色系画面容易处理，整体上看起来非常干净。一般来说，像这样的暖色单色系画面，黄色和红色会向橙色偏移，最终呈现出橙色系画面。而如果是冷色单色系，紫色和青色可能会向蓝色偏移，形成青蓝色的单色系画面。

第二种双色系，如图 6-2-5 所示。可以看到草原上的一些黄色、绿色等都被统一到蓝灰的色彩，与远山构成了地景，而天空当中的黄色、红色和橙色都统一到了洋红的色彩上，最终构成了洋红和蓝灰两种色系。蓝灰占据 80% 以上的比例，而洋红只占据百分之十几的比例，其实这也反映了双色系画面的特点，两种色系一定要以一种为主，另外一种为辅；为主的色系要占据 70% 以上的比例，而辅助色则要占据 30% 以下的比例，如果辅色比例过高，就会产生冲突，画面会有割裂的感觉。

图 6-2-5

接下来再看三色系，如图 6-2-6 所示。这张照片主色调是青蓝色，其中青蓝色占据了更大的比例，另外两种色彩是黄色和红色，当然黄色当中还包含一部分树叶。青蓝色约占到 80% 的比例，而黄色占据百分之十几的比例，红色占据不到 10% 的比例，我们可以将黄色称为辅助色，将红色称为点缀色，这样画面整体会显得比较协调。如果黄色和红色的比例过大，画面就会变得比较乱，这是三色系画面的一个重点，即辅助色和点缀色比例一定不能过高，并且是越少越好，这样三色系的画面会得到比较好的效果。

图 6-2-6

那么读者可能会问为什么没有四色系、五色系？其实非常简单，因为有一条最基本的摄影美学原理——色不过三，如果色系超过了三种，画面就会变得比较乱。当然这也不是绝对的，而是大部分情况。我们通过在不同的色彩中插入主色调的成分，最终可以让画面整体变得协调完整起来。大家在以后对照片进行调色时要注意，要先确定画面是双色系、单色系还是三色系，确定好之后再按照本节所讲的调色配比去处理画面，肯定可以得到比较好的效果。

怎样确定主色调

之前讲解了统一色调以及单色系、双色系、三色系等方面的知识，下面讲解如何确定画面的主色调。早上日出时分可以将所有的色彩统一到偏橙的色彩上，那么是否也可以统一到偏蓝的色彩上呢？很明显，如果统一到偏冷的色彩上会极不自然，即便有了主色调和统一色调的处理，画面也不会好看，这就是一条最基本的理论：要合理确定画面主色调。对于画面主色调的确定，主要有以下几种情况。

第一种，以光源色作为画面的主色调。日出时分，太阳周边偏黄色、橙色和红色居多，那么可以将画面的色彩依据光源的颜色来进行确定，如图 6-2-7 所示。可以观察到，早起之后画面整体环境是比较暖的氛围，将地景偏冷的色彩掺入一定的暖色调成分，天空蓝色也加入暖色调，整体有一种暖调的氛围，所以画面看起来比较自然，它是符合自然规律的。可以试想一下，如果将天空地景全处理为冷色调，画面看起来肯定会不够真实。

图 6-2-7

第二种，以环境色为主来确定主色调，如图 6-2-8 所示。可以观察到有室外的光线，也有室内的灯光，整体比较杂，但我们可以看到外部的光线有一些偏暖，墙壁偏暖，灯光也是偏暖的，整体是一种米黄色的环境光线，所以我们就将这种环境色确定为主色调。室内一些比较暗的区域加入米黄色，纯灰的无彩色也加入一定的米黄色，整体画面比较自然，包括人物的皮肤，依然加入米黄色，画面看起来比较协调。

图 6-2-8

如图 6-2-9 所示照片中，可以观察到夜晚虽然有灯光，但灯光光源面积比较小。夜晚时分处于阴影中色温值比较高，并且夜空中的蓝色波段光线比较多，

图 6-2-9

所以我们确定蓝灰色作为主色调。同样是一种环境色作为主色调的案例，这种暖色调的灯光作为点缀色出现，效果就比较自然。如果将这种夜景照片大面积的阴影区域渲染为暖色调，画面肯定会比较不自然，即便再干净也会比较难看。

图 6-2-10

再来看第三种，如图 6-2-10 所示，这张照片看起来没有进行任何的色彩偏移，背景的灰色、人物的肤色都非常逼真，还原得非常准确，看起来比较协调。这是一种比较特殊的情况，就是以画面元素的固有色作为画面的主色调。这种固有色本身就是无彩色，所以可以看到降低了各种色彩原有的饱和度，整体看起来色彩比较平淡，但因为大片的无彩色本身没有色彩，所以轻微的红色、青色等依然色感比较强烈。以固有色作为画面的主色调，在一些商业摄影、商业产品摄影、商业人像摄影当中比较常用。

以上如何确定画面主色调的三种主要情况，在后期确定主色调时，以这三条作为参照，可以得到比较好的效果。

第 7 章
照片的高级二次构图

本章将讲解照片高级二次构图的技巧。构图是摄影创作非常重要的一个环节，决定了摄影创作的成败。在实际拍摄当中，我们可能因为器材的限制或是拍摄角度的限制，无法直接拍摄到构图比较合理的画面。这时就需要在后期软件当中进行裁切，也称为二次构图，最终让画面呈现出的构图形式更合理，画面的艺术表现力更好。

7.1 照片二次构图的基本操作

二次构图有非常多的设定和裁切方式，最简单的一种是直接裁掉照片中的干扰。

打开照片之后，在工具栏中选择“裁剪工具”，在上方可以设定各种不同的比例，如图 7-1-1 所示。保持原有的比例、正方形、3∶2、16∶9等，如果要保持原照片的比例，选择“原始比例”就可以了。

图 7-1-1

如果要不限定比例进行裁剪，可以清除掉所有的比例限定，直接将鼠标指针移动到照片的边线上，进行拖动就可以裁掉一些干扰物。快速裁切后照片变得比较理想，符合我们的要求，如图 7-1-2 和图 7-1-3 所示。

图 7-1-2

图 7-1-3

如果照片有比例的限定要求，类似于 16 : 9、2 : 3 等，那么就需要选择 2 : 3、16 : 9，当前可以看到是 2 : 3，如图 7-1-4 所示。如果我们想要的是 3 : 2，只要单击比例中间的“高度和宽度互换”按钮，可以看到切换到 3 : 2 的比例，如图 7-1-5 所示。

现在 3 : 2 的比例不如之前原照片的比例好看，所以展开历史记录回到上一步，如图 7-1-6 所示，这样就完成了二次构图。

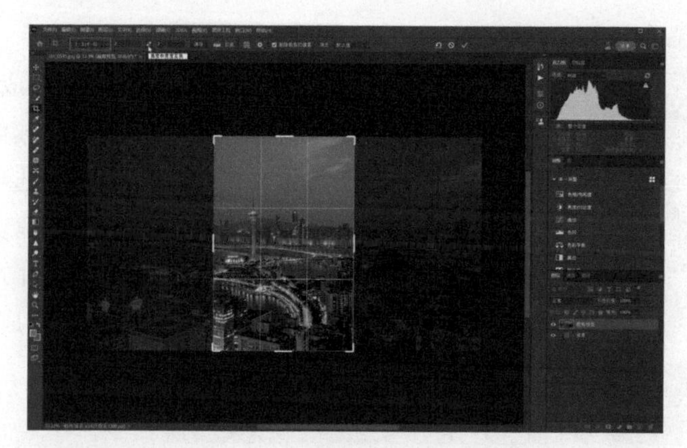

图 7-1-4

图 7-1-5

图 7-1-6

图 7-1-7

最后补充一个知识点，完成裁切之后在保留区域内双击，或是单击选项栏的“提交当前裁剪操作”按钮，如图 7-1-7 所示，就可以完成裁剪。

7.2 画面的紧凑度与环境感

在掌握了工具的使用方法以及最简单的二次构图方式之后，本节将讲解几种比较重要，也是比较有难度的二次构图技巧。

首先来看调整画面主体的比例。如图 7-2-1 所示照是一个故事感很强的画面，草原上有一些人物围着桌子在交谈并且神态各异。对于类似画面，要关注的点有两个：第一个是人物所处的场景，照片要让这个场景呈现出足够高的环境感，把环境信息交代好；第二个是人物的肢体动作和表情，因为对于照片来说人物是最重要的。但这两者是矛盾的，如果大幅度裁剪，画面的环境感就会变弱，而如果像当前画面保持足够的环境感，人物的表情就不清晰。所以要通过大量的拍摄和二次构图积累，来提高自己的能力。

图 7-2-1

图 7-2-1 所示这张照片环境感是比较强的，但人物表现力有欠缺，所以可以适当地裁切画面。裁切之后放大

人物的比例，人物的表情、动作就会更清晰，如图 7-2-2 所示。可以看到适当裁剪之后，人物的表情、动作更好了，画面的故事感也更强，兼顾了一定的环境感。

图 7-2-2

最终得到的照片效果如图 7-2-3 所示，兼具环境感与人物的表现力。实际上，除这种民俗写实类的题材，风光题材也应该如此，既要兼顾环境感，又要兼顾画面的故事性和可读性。

图 7-2-3

7.3 改变画面背景比例

本节将继续讲解高级的二次构读技巧。打开图 7-3-1 所示照片，可以发现这张照片地景是非常精彩的，天空也具有很好的表现力。传统的摄影构图理念告诉我们，要让地景占据更大比例，如果地景不够精彩就让天空占据更大比例，所谓的更大比例一般是指占据 2/3。但在当前的摄影潮流当中，类似于这种天空与地面都非常好的景物，是可以适当地进行连天空与地景比例相近的构图的。但是采用这一类构图方式，一定要避免画面的割裂感，因为两者比例相近会给人画面的割裂感。解决这种问题最好的办法就是在天空与地景中间的部分，通过太阳或是

图 7-3-1

其他的一些建筑物进行连接，这样一来割裂感就不那么强了。

图 7-3-2

提取天空

不要着急选择“裁剪工具”进行裁切，可以在工具栏中选择“矩形选框工具”，勾选天空的绝大部分，为天空区域建立选区，如图 7-3-2 所示。然后按键盘上的 Ctrl+J 组合键，将整个天空部分提取出来，作为一个单独的图层，隐藏背景图层，如图 7-3-3 所示。

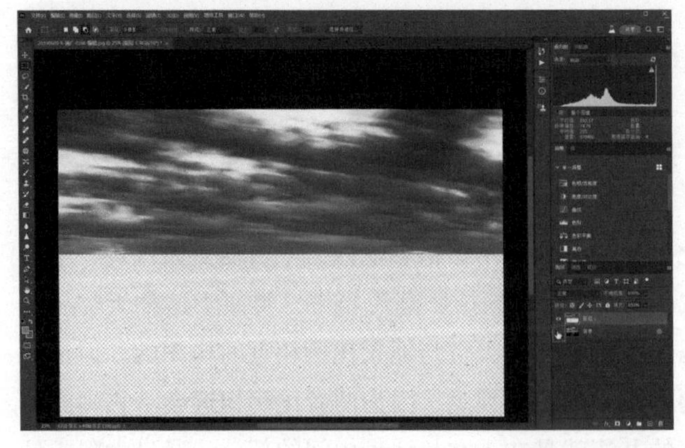

图 7-3-3

变形处理

提取天空之后按键盘上的 Ctrl+T 组合键，这样表示将要对天空进行变形处理，如图 7-3-4 所示。

图 7-3-4

按住键盘上的 Shift 键，将鼠标指针移动到天空的上边缘线上，单击并按住鼠标向下拖动，可以看到天空部分被压扁了，如图 7-3-5 所示。然后按键盘上的 Enter 键，完成变形，如图 7-3-6 所示。

图 7-3-5

裁去多余部分

之后再选择“裁剪工具”，裁掉上方多余的部分，在保留区域内双击鼠标左键完成裁切，如图 7-3-7 所示。

图 7-3-6

这样就完成了天空比例的缩小，并且保留了边缘比较自然的状态。如果感觉天空还是太大，可以先将两个图层拼合起来，如图 7-3-8 所示。

图 7-3-7

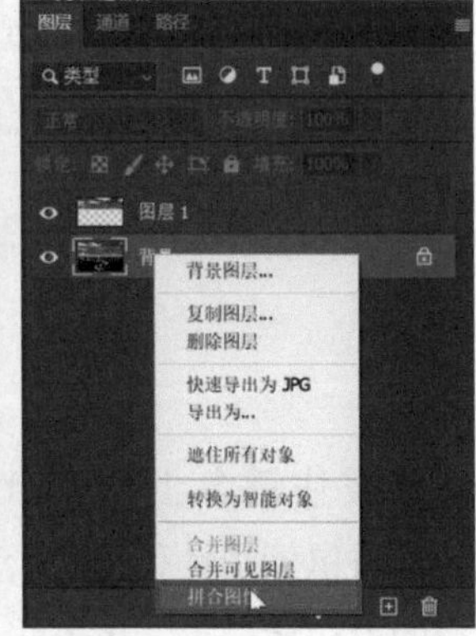

图 7-3-8

再次压缩天空

然后再选择“矩形选框工具”，再次对天空进行压缩，最后让天空与地面的比例更符合预期，如图 7-3-9~ 图 7-3-11 所示。通过变形来改变照片中某些面的比例，从而改变画面的构图形式，并不是简单地裁掉一些局部区域就可以完成的，而是要通过变形来保留大部分的纹理。

图 7-3-9

图 7-3-10

图 7-3-11

这种方法除了可以对天空、水面、森林、草原等场景进行调整之外，也可以对一些城市的建筑进行变形处理。当然，对于城市建筑的变形处理就不能有太大的调整幅度。在照片各个面的比例比较合理之后，再次拼合图像，如图 7-3-12 所示。

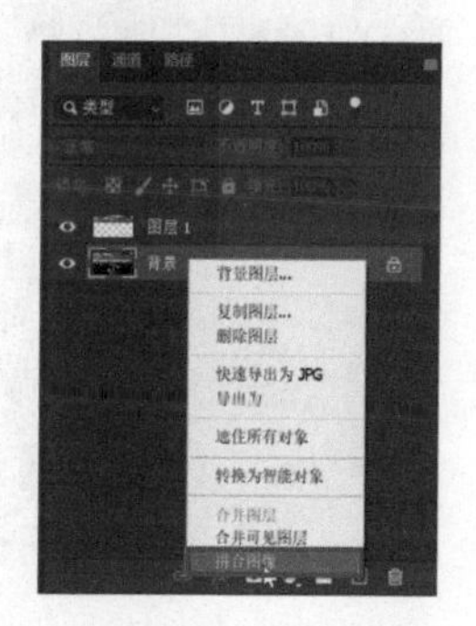

图 7-3-12

扩充区域

选择“裁剪工具”，单击照片出现裁剪边线之后，将

图 7-3-13

图 7-3-14

图 7-3-15

鼠标指针移动到上边线上向上拖动，这样照片可以被扩充出一片区域，然后按键盘上的Enter键，如图 7-3-13 和图 7-3-14 所示。

变形处理

然后选择“矩形选框工具”，选择下方有像素的照片区域，如图 7-3-15 所示，然后按键盘上的Ctrl+T组合键，再按住键盘上的Shift键向上拖动照片，如图 7-3-16 所示，这样可以改变画面的长宽比，并且让地景占据更大比例，最终调整的效果会更好一些。要注意的是，城市建筑上下拖动的幅度不能太大，如果继续向上拖动，地面的建筑群体就会严重失真。

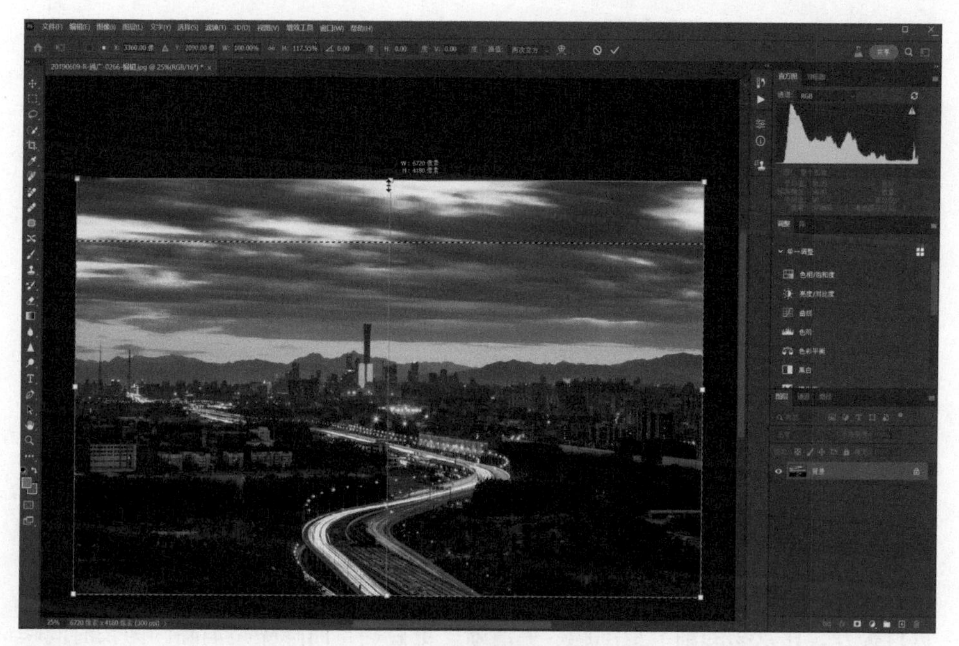

图 7-3-16

可以看到，通过多次变形拉伸，让画面的构图完全变了样子，整体更协调，比例也更合理。

第 8 章 照片画质与像素优化

对于照片的后期处理，主要包含 4 个比较大的方面：照片影调的重塑，照片调色，照片的二次构图，以及照片的画质优化。经过这 4 方面的调整，照片基本就能达到出图的标准，之前已经讲了前三项，本章将介绍照片画质优化的相关技巧。

照片的画质优化主要包括锐化和降噪两个方面。锐化是对照片的画质清晰度进行提升，让景物的细节更细腻、更清晰、更锐利，而降噪是消除因为长时间曝光或高感光度拍摄所带来的噪点。当然在照片的修图过程当中，对明暗和色彩调整也可能产生一些噪点，同样需要进行消除，最后就得到画质比较细腻的照片。对于照片画质的优化，可以在 ACR 中进行，也可以在 Photoshop 中进行，还可以借助第三方插件进行比较智能的接近于 AI 的锐化与降噪。

8.1 ACR 锐化的技巧

首先来看 ACR 中照片的锐化与降噪。如图 8-1-1 所示这张照片中，可以看到这是借助于无人机航拍的城市夜景，感光度是 ISO 400。因为夜晚经过了暗部的提亮，可以观察到暗部有非常多的噪点，显得不是很干净，对于这种情况就需要进行锐化和降噪双重处理。

这张照片之前已经调整过影调和色彩，并且进行了二次构图，那么接下来就需要进行画质的优化。在 ACR 中对照片的画质优化主要是在“细节”面板中进行。展开“细节”面板，如图 8-1-2 所示，可以看到两组主要的参数，一组是锐化参数，另外一组是下方的降噪参数。至于中间的减少杂色可以看作是 AI 减少杂色，也是降噪，将在下一章进行处理。

先来看锐化。放大照片可以看到建筑物的边缘轮廓并不是特别清晰和锐利，如图 8-1-3 所示。针对这种情况，可以直接提高锐化值，如图 8-1-4 所示。提高锐化值之后，建筑物边缘的轮廓变得更清晰了。

但是画面当中的噪点也变得更严重了。也就是说，对照片的锐化是强化像素之间的明暗以及色彩差别，那这样很多噪点也会变得更明显。我们要锐化的是景物的边缘轮廓，大片的平面、没有重点景物的区域是不需要进行锐化的，让它保持更光滑的像素过渡效果会更好一些。

按住键盘上的 Alt 键，用鼠标右键单击并拖动“蒙版”滑块，可以看到随着蒙版值的提高，照片当中有一些区域变为

图 8-1-1

图 8-1-2

图 8-1-3

图 8-1-4

图 8-1-5

图 8-1-6

黑色，另外一些区域依然保持白色状态，如图 8-1-5 所示。白色区域就是要进行锐化的区域，而黑色区域则不进行锐化，通过拖动“蒙版”滑块就进行了限定。可以看到，大片的天空的平面区域，没有主要景物，不需要进行锐化，而建筑物的边缘要进行锐化。

通常情况下，大幅度提高“蒙版”的值可以起到一定的锐化区域控制的效果。放大照片可以看到，如果把“蒙版”的值降至最低，天空的噪点更严重，如图 8-1-6 所示；而“蒙版”值提上来以后，天空平滑了很多，如图 8-1-7 所示。这是锐化参数组中“锐化”和“蒙版”这两个参数的意义。

图 8-1-7

还有两个比较重要的参数，一个是半径，一个是细节。半径与锐化参数有些相似，它也是用于提升锐化的强度，所不同的是，半径是指锐化影响的范围，半径值越大表示影响的范围越大，锐化效果会更明显，并且半径值对于锐化幅度的影响会比锐化值更强。通常，重点要提高锐化的值，半径的值保持默认就可以了，除非是特别不清晰的画面。

而细节这个值则正好相反，锐化之后会模糊掉一些噪点，但是这种模糊会导致画面出现清晰度的降低。细节值如果提得非常高，表示不要进行模糊，要呈现出更多细节，那么就会导致锐化的效果降低，通常保持默认的细节值就可以。

至此，就对这张照片初步完成了锐化，如图 8-1-8 所示。可能看起来不是那么明显，但如果仔细观察，会发现提高锐化值之后画面确实变得更清晰了。

图 8-1-8

8.2 ACR 降噪的技巧

本节将讲解照片降噪的技巧。之前讲过夜景下拍摄暗部提亮之后会产生大量噪点，尤其是当前的无人机高感性能还没有办法跟专业的无反相机或单反相机相比，所以噪点尤为严重。降噪时主要使用下方的这组参数，如图 8-2-1 所示。

图 8-2-1

首先来看明亮度。明亮度影响的是照片中所有的噪点，只要提高明亮度的值，噪点就会被模糊掉，画质会变得更平滑，但相应的照片锐度会下降，因为它不单模糊掉平面上的像素，还包括景物边缘轮廓上的像素，会导致清晰度下降。

图 8-2-2

我们可以提高明亮度的值来进行观察。如图 8-2-2 所示，可以看到噪点消失画面变得更干净，但是景物的轮廓也没有那么清晰了，并且很多区域出现了一种涂抹感，不是那么有锐度了。所以虽然提高明亮度可以消除噪点，但不宜提的太高，通常来说一般不要超过 30，推荐使用 15~20 的参数，如图 8-2-3 所示。这样虽然消除不了所有的噪点，但是能够让景物依然保持很好的清晰度。

图 8-2-3

细节值同样如此。如果提高细节的值，它会降低降噪的程度，因为要保持细节不能模糊太多。至于对比度，没有必要进行调整，如图 8-2-4 所示。

图 8-2-4

下方还有一个比较重要的参数是颜色。颜色主要用于消除照片中的彩色噪点。之前打开照片可以发现照片中没有彩色噪点，这是因为默认的颜色有一定的值，彩色噪点被消除掉了。如果把颜色的值降到最低，可以看到照片中出现了很多彩色噪点，如图 8-2-5 所示。

图 8-2-5

所以在降噪时，最重要的两个参数就是明亮度和颜色，明亮度用于消除单色和其他大部分的噪点，而颜色用于消除彩色的噪点。可以看到，通过明亮度和颜色的调整，照片画质得到了进一步优化，整体来看既保持了原有的锐度，又消除了噪点，如图 8-2-6 所示。

图 8-2-6

放大照片然后切换到对比视图，对调整前

图 8-2-7

图 8-2-8

图 8-2-9

后进行对比，如图 8-2-7 和图 8-2-8 所示。可以看到，左侧的画面非常模糊，并且有特别多的噪点，但经过之前的锐化以及后来的降噪调整之后，照片变得更清晰，并且噪点更少。

这是通过锐化与降噪对照片画质进行的优化。在 ACR 中对于照片的锐化除了在“细节”面板中进行之外，还可以回到“基本”面板，借助于纹理参数进行一定的锐化。纹理是像素级的清晰度提升，就是强化像素之间的差别，包括明暗和色彩的差别。这个之前讲过，所以尝试提高纹理的值，如图 8-2-9 所示。可以看到画面变得更清晰了，但要注意无论是清晰度、纹理还是去除薄雾等参数都不能提得太高，否则画面中一些景物的边缘会出现亮边，导致画面变得极不自然。至此，就完成了这张照片的画质优化。

8.3 Photoshop 中的锐化与降噪

本节将讲解在 Photoshop 主界面中对照片画质进行优化的技巧。将照片在 Photoshop 中打开，如图 8-3-1 所示。

图 8-3-1

放大照片，可以看到噪点依然非常严重，按住空格键，单击照片画面并按住鼠标进行拖动，如图 8-3-2 所示，可以看到景物的边缘轮廓模糊。

USM 锐化

图 8-3-2

针对这种情况，Photoshop 主界面中最直接的锐化命令在“滤镜”菜单中。在 Photoshop 主界面当中，对照片的锐化可以使用 USM 锐化，也可以使用智能锐化，但是通常来说 USM 锐化的效率更高，并且更简单一些，不会像智能锐化那样复杂，所以我们这里也是使用 USM 锐化。单击打开“滤镜”菜单，选择“USM 锐化”，如图 8-3-3 所示，打开“USM 锐化”对话框，如图 8-3-4 所示，在其中可以看到数量、半径和阈值三个参数。

数量是指锐化的强度，我们可以大幅度提高锐化的数量值，提到 100 左右时可以看到景物的轮廓更清晰，但是噪点也会变得更严重，如图 8-3 5 所示。

接下来再看半径这个参数。在介绍 ACR 中对照片进行锐化时已经讲过，这个半径值是指锐化的范围大小，范围越大，锐化的区域也越大，叠加的次数也越多，自然锐化的强度也会更高。半径本质是指像素距离，也就是像素范围，如果半径设为 2，那么就是两个像素的距离；如果半径是 100，那么就是 100 个像素的距离，对 100 个像素范围内的所有像素都进行明暗与色彩的强化，锐化强度会非常高，画面容易失真。所以通常来说半径值保持默认的 1，如图 8-3-6 所示，或者设定到 1.5 或 2。

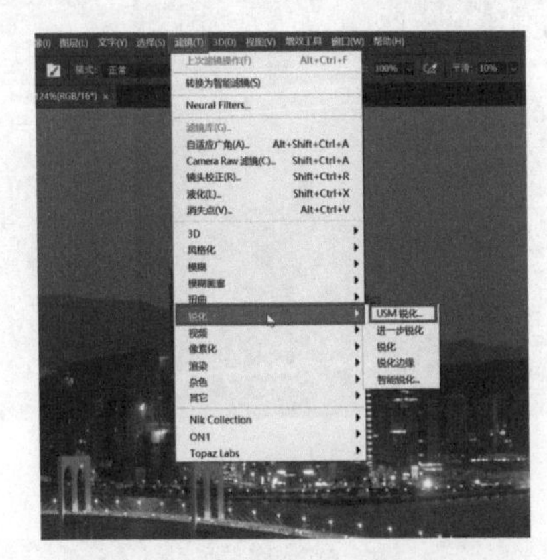

图 8-3-3

图 8-3-4

图 8-3-5

图 8-3-6

接下来看阈值。它与半径正好相反，它是一个门槛，如果两个像素之间的明暗差别非常小，而阈值又设定了比较高的值，它们的明暗差别没有超过这个阈值，那么这两个像素之间就不进行锐化，也就是不进行明暗与色彩的强化。如果阈值设的非常大，这样就会导致画面中，大部分像素之间都不进行锐化处理；而如果阈值设定的非常小，也就是没有门槛，所有像素之间不管有没有差别都要进行锐化。

把阈值提到最高，如图 8-3-7 所示，可以看到锐化的效果立刻变得非常不明显，因为大部分像素之间都不进行明暗与色彩之间的强化了，这就是阈值的意义。默认的阈值是 0，如图 8-3-8 所示。

图 8-3-7

图 8-3-8

在“USM 锐化”对话框中间有一个非常小的视图，以 100% 的比例显示了照片的某一个局部区域，如图 8-3-9 所示。

在照片中定位某个区域，然后将鼠标指针移动到这个视图上，单击会显示锐化之前的画面，如图 8-3-10 所示，再松开鼠标是锐化之后的画面，如图 8-3-11 所示。可以看到锐化之后，效果还是很明显的。

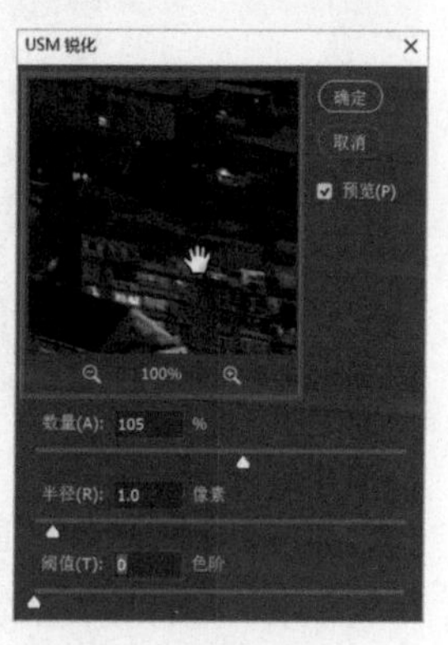

图 8-3-9

图 8-3-10

图 8-3-11

这样我们就完成了这张照片的锐化，最后单击“确定”按钮返回。

减少杂色降噪

完成锐化之后就需要进行降噪，降噪时依然要通过“滤镜”菜单来完成操作，单击打开“滤镜”菜单，选择“杂色”—“减少杂色”，如图 8-3-12 所示。

减少杂色用于消除照片当中的噪点，此时将打开“减少杂色”对话框，在其中可以看到局部的视图，我们定位到其他位置，如图 8-3-13 所示。

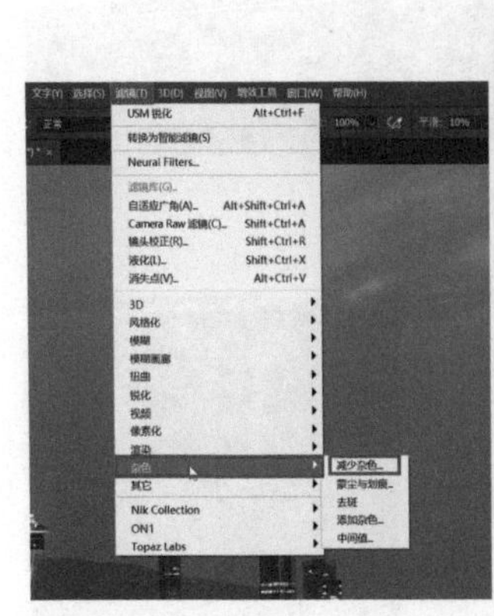

图 8-3-12

图 8-3-13

提高减少杂色的值，可以让画质变得更平滑，噪点更少，但与 ACR 的降噪一样，如果减少杂色的值提得特别高，虽然噪点消除了，但会导致景物的轮廓变得模糊。我们可以适当调整减少杂色的值，如图 8-3-14 所示。

图 8-3-14

如果感觉减少杂色的值提高之后变化不明显，可以将强度提到最高，然后提高减少杂色的值，并且把锐化细节的值稍稍降低一些，把保留细节的值也降低一些，如图 8-3-15 所示，降噪当中的保留细节与降噪正好是相反的。

图 8-3-15

可以看到，经过参数调整，画面效果变得好了很多，再次对比锐化之前的效果，如图 8-3-16 所示，然后松开鼠标看降噪之后的效果，如图 8-3-17 所示。我们会发现，降噪之后画面明显变得更平滑了。

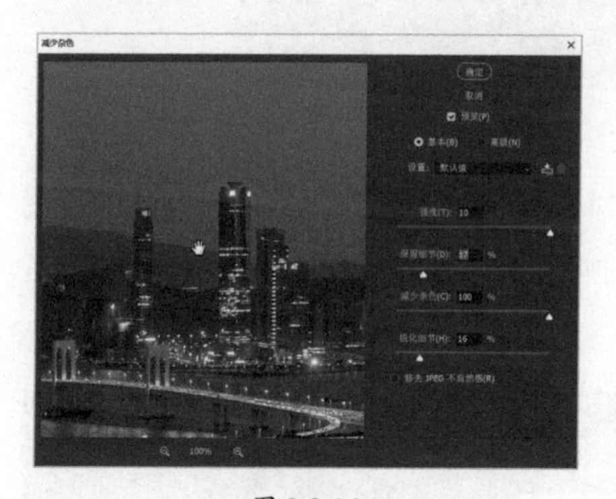

图 8-3-16

图 8-3-17

以上就是在 Photoshop 主界面中进行降噪的处理，降噪完成后单击“确定”按钮，就完成了这张照片的锐化和降噪。

8.4 Photoshop 中的高反差锐化

本节将讲解在 Photoshop 中对画质进行优化的另外一种技巧。这是一种非常具有实战价值的锐化处理，并且锐化的强度非常明显，可控性也比较高。很多有丰富后期经验的摄影师都会使用这种方式，我们可以将其称为高反差锐化，当然它不包含降噪。

高反差保留

打开照片，按键盘上的 Ctrl+J 组合键复制图层，如图 8-4-1 所示。

图 8-4-1

然后单击打开“滤镜”菜单，选择“其它”—“高反差保留”，如图 8-4-2 和图 8-4-3 所示。此时可以看到上方的照片画面已经变为灰色状态，打开的“高反差保留”对话框中的视图也是灰色的。

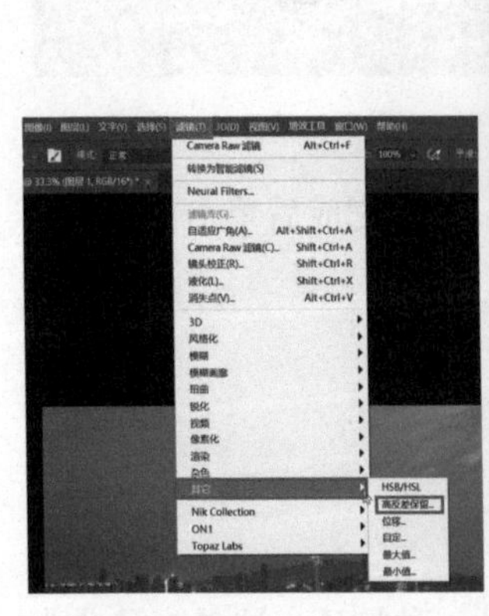

图 8-4-2

图 8-4-3

对话框下方有半径这样一个参数，提高半径值，可以看到照片越来越接近于正常的照片，如图 8-4-4 所示。一般半径值设定为 1~3，如图 8-4-5 所示。半径值就是提取照片当中的景物轮廓，因为一般来说景物的边缘轮廓才是高反差位置，高反差保留就是保留这些高反差的边缘。

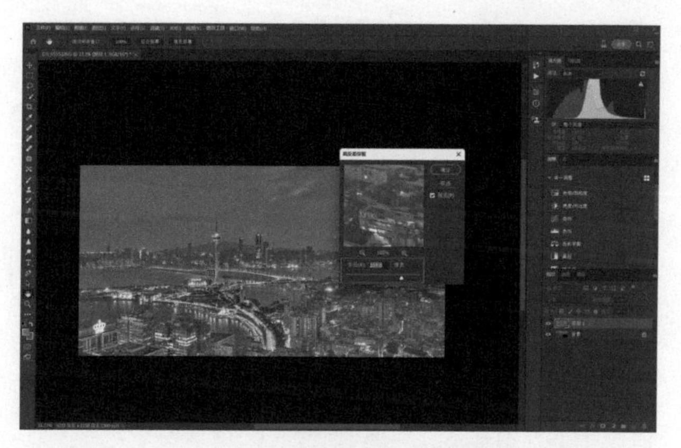

图 8-4-4

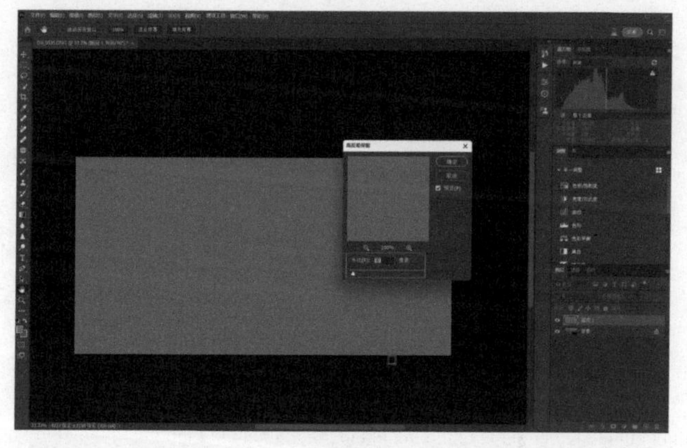

图 8-4-5

保留下来之后直接单击“确定”按钮，可以看到上方景物边缘的轮廓被保留下来，而天空这种平面区域不会被提取，如图 8-4-6 所示。

图 8-4-6

改变图层混合模式

然后将高反差的线条图层混合模式改为“叠加”或“柔光”，这里先改为“叠加”，如图 8-4-7 所示。

图 8-4-7

然后放大照片，隐藏上方的图层，如图 8-4-8 所示。可以看到，进行高反差保留调整之前，景物是朦胧的，没那么锐利清晰。然后显示出高反差保留这个图层，如图 8-4-9 所示。可以观察到，景物轮廓边缘变得非常清晰和锐利，而天空这种光滑平面则没有变化。

图 8-4-8

它的原理就是提取出这些高反差的边缘，再给画面叠加一层边缘，让边缘的轮廓更清晰，从而实现锐化的效果。这种高反差保留看似比较机械，但实际上它又比较智能，因为大片平面区域没有高反差的线条提取出来，所以不进行锐化，只锐化有具体景物的区域。因

图 8-4-9

此，这种方式深受广大摄影师的喜爱。

如果使用高反差保留这种方式锐化的强度过高，可以降低上方这个图层的不透明度，这样锐化程度就会降低，如图 8-4-10 所示。

图 8-4-10

第 9 章 Photoshop AI 修图

最近几年以来，Photoshop 不断增加一些 AI 修图功能，让 Photoshop 的智能化越来越高。这些 AI 功能能够大幅度提高修图效率，完成一些手动操作非常烦琐的功能和操作，最终提高修图效率，并且实现非常有创造性的效果。本章将对各种不同的 AI 功能的使用进行详细介绍。

9.1 借助 AI 选择进行高效修图

一键选择主体对象

图 9-1-1

首先来看主体选择功能，这个功能已经集成到了“选择”菜单当中。打开示例照片，如图 9-1-1 所示。

如果要将这只小猫从背景当中抠取出来，使用选取工具是比较麻烦的，特别是边缘的一些绒毛。而借助于主体选择工具，就可以快速将这只猫选择出来。具体操作如下，单击打开“选择”菜单，选择“主体”，如图 9-1-2 所示。软件经过计算就会识别出主体，并建立相对比较准确的选区，如图 9-1-3 所示。

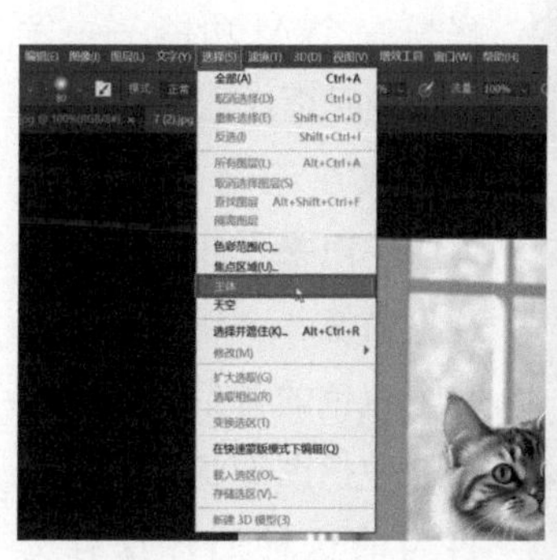

图 9-1-2

图 9-1-3

放大之后可以看到，边缘虽然有一些绒毛没有包含在选区之内，如图 9-1-4 所示，这是由于这些绒毛的选择度不够所导致的，但实际上如果把主体提取出来，会发现是包含一些绒毛的。

图 9-1-4

建立选区之后按键盘的 Ctrl+J 组合键，就将这个主体提取了出来，如图 9-1-5 所示。然后隐藏背景图层，将抠取的主体放大，如图 9-1-6 所示。可以观察到，猫耳朵尖端是有一些绒毛的，也就是说抠图的效果还是可以的。

当然，对于一些比较虑的位置有时候抠图不是那么准确，但相对来说已经极大提高了工作效率，远比人手动抠图要快捷。这里不会着重讲手动如何

图 9-1-5

进行边缘调整，后续在讲解另一个AI功能——发现功能时再详细介绍。

现在已经将这只猫抠取了出来，此时可以将这只猫换一个场景或是换一个纯色的背景。要保存下这种抠图的状态，可以将当前这种照片保存为TIFF格式或PNG格式，那么抠取的这只猫就被作为单独的图层保存了下来。首先删掉背景图层，如图9-1-7所示。

然后将照片存储为TIFF格式或PNG格式，如图9-1-8和图9-1-9所示。后续将这个图片嵌入到网页或PPT中时，就不会再有背景的干扰。

图 9-1-6

图 9-1-7

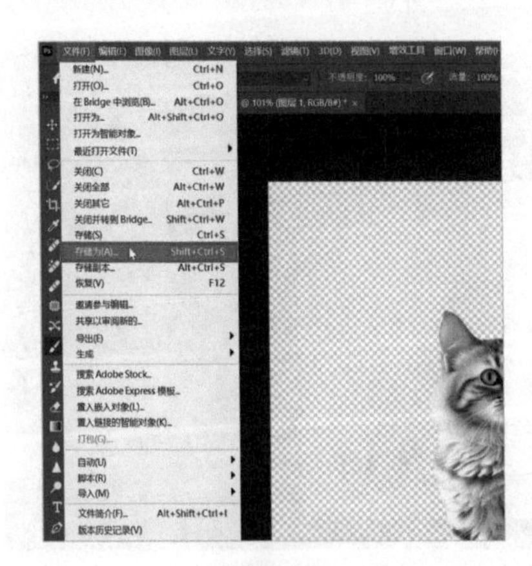

图 9-1-8

图 9-1-9

AI 天空选择与一键换天

接下来再来看与主体选择功能同一时期推出的天空选择功能。这个功能同样非常好用，它可以快速准确地帮用户为天空建立选区，为后续的换天等操作做好准备。

具体操作也非常简单，单击打开“选择”菜单，选择“天空”，就可以快速为天空建立选区，如图 9-1-10 和图 9-1-11 所示，可以观察到天空中有一些树枝被排除到了选区之外，而另外一些则包含在了选区之内。正如我们之前所说，这是由于选区的选择度所决定的，这种比较模糊、比较淡的一些景物，建立选区之后就是如此。

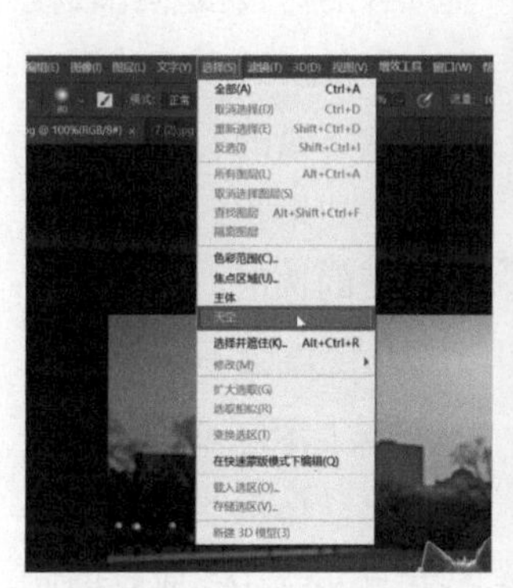

图 9-1-10

图 9-1-11

接下来就可以进行换天操作，但不建议大家建立选区之后去手动换天，因为在同一时期 Photoshop 还推出了一个依托于天空选择功能而设的天空替换功能。先打开历史记录面板，回到照片初始的打开状态，如图 9-1-12 所示。

图 9-1-12

图 9-1-13

图 9-1-14

图 9-1-15

然后单击打开“编辑”菜单，选择“天空替换”，如图 9-1-13 所示，打开“天空替换”对话框。在对话框上方天空后的列表中，可以选择不同的天空类型，这里我们选择想要替换的天空背景就可以了，如图 9-1-14 所示。可以看到，之前建立选区的树枝虽然比较模糊，但是换天之后效果还是非常不错的，显得非常自然。如果我们建立了非常生硬的选区，那么这些树枝边缘就会不够自然。

接下来就是选择不同的天空。这是一个逆光场景并且光线比较暖，因此可以找一个逆光的天空场景进行替换，如图 9-1-15 所示。可以看到替换之后天空变得非常干净，并且选区依然存在这些树木树枝，保持很好的过渡。

原照片中整个场景是比较亮的，也比较暖，换天之后，软件会自动进行色调的调整，让所换天空与地景的色彩融合度更高，这也是非常智能的一点。如果我们手动进行换天，换完天空之后，还要协调所替换天空的色调与地景的色调，相对比较烦琐。但是借助于天空替换功能，却可以一步到位完成这种操作。

天空替换完毕后可以在下方调整各种参数，来改变替换的效果，如图 9-1-16 所示。当前的效果已经比较理想，所以没有必要进行过多调整。

实际上，如果调整替换之后的天空与地景融合度非常不好，即便调整下方的参数，往往也不是特别合适，这说明选的天空素材是有一些问题的。只要选择天空素材比较合理，特别是光线的照射方向、色调等合理，软件就会自动进行天空与地景的色彩和影调协调。

天空替换完毕之后单击“确定”按钮，如图 9-1-17 和图 9-1-18 所示，可以在图层面板中看到，Photoshop 软件进行了大量的调整，来协调天空与地景的色调。

图 9-1-16

图 9-1-17

图 9-1-18

9.2 Photoshop 发现功能与调整的集成

Photoshop 自增加 AI 功能以来逐渐进行演化，各种不同的 AI 功能逐渐融合，并且与其他的一般功能逐渐结合起来，从而实现非常强大的修图效果。下面我们介绍 Photoshop 的发现功能。

打开发现功能

打开如图 9-2-1 所示照片，接下来要讲解的是如何快速地把主体抠出来，然后与软件当中的边缘调整功能结合起来使用，从而实现更完美的抠图效果。

我们将要借助于 Photoshop 的 AI 与一般工具的融合，来实现更好的抠图效果。按键盘上的 Ctrl+F 组合键，可以调出“发现”对话框，如图 9-2-2 所示，在其中有大量的功能介绍及教程。实际上我们需要使用的主要就是“快速操作”，如图 9-2-3 所示。对于教程，大家可以在有时间的时候查看，而我们真正要使用的就是“快速

图 9-2-1

图 9-2-2

操作”。单击展开“快速操作”，可以看到其中有大量功能，如图 9-2-4 所示，比如“移除背景”“模糊背景”“选择主体”等，无论是哪一种功能本质都是最早的主体选择功能。先为主体选择建立选区，然后保存好主体，将背景排除掉或是选出主体来然后进行反选，即选择了背景然后对背景进行模糊，下方的选择主体更是如此。所以我们最早介绍的主体选择功能，是一个比较基础和核心的 AI 功能。

选择主体

接下来就通过“选择主体”这个功能，来看如何将“选择主体”与 Photoshop 其他的功能融合起来，实现更精准的选区。直接单击“选择主体”，如图 9-2-5 所示。等待一段时间之后可以看到，与之前使用“选择”菜单当中的“主体”命令一样，也是为这只猫建立了一个选区，如图 9-2-6 所示。

图 9-2-3

图 9-2-4

图 9-2-5

调整主体边缘

接下来就开始对边缘进行调整，使用 Photoshop 中的“选择并遮住”功能。对任何景物建立选区之后，如果要对选区边缘进行调整，都是在 Photoshop 当中单击“选择并遮住”，进行边缘调整。现在“选择并遮住”这个功能已经与

图 9-2-6

图 9-2-7

图 9-2-8

AI 功能结合在了一起，我们可以直接调用，所以直接单击“选择并遮住”，如图 9-2-7 所示。

在打开的“选择并遮住”对话框中可以选择不同的调整工具，对边缘进行调整。比如，选择调整边缘画笔工具，然后在这只猫的四周选择不够精准的位置上涂抹，从而让边缘选择更准确，如图 9-2-8 所示。

另外，还可以界面在右侧的参数中，通过移动边缘来改变选区的精度。这些都是“选择并遮住”这个功能本身就有的功能，只是我们在选择主体时，将其调了出来，将这个功能与 AI 功能结合在一起使用。

当然，现在 AI 功能与传统功能的结合还存在一些问题，导致使用没有那么顺畅。因为截至本写作之时最新的 Photoshop 版本是测试版本，还不够稳定，相信未来它的稳定性会得到提高。

使用边缘调整工具，通过调整画笔在这只猫的边缘进行涂抹，来改变所选择的区域。要注意的是，红色区域是选区之外的区域，而正常色彩显示的是主体的区域，如图 9-2-9 所示。可以观察到，有一些地板部分被过多地纳入了进来。

图 9-2-9

这个时候就可以选择“减去”，从选区减去过多选择进来的部分，如图 9-2-10 所示。

图 9-2-10

接下来通过右侧的边缘检测来进行调整，这个主体右侧有一些绒毛被排除到了选区之外，向右滑动移动边缘，让更多的绒毛包含进来，如图 9-2-11 所示。

通过对右侧参数的多种设定，我们就优化了选区，最后单击“确定”按钮，如图 9-2-12 所示。

图 9-2-11

图 9-2-12

提取主体

建立选区之后再次按键盘 Ctrl+J 组合键将主体提取出来，然后隐藏背景，如图 9-2-13 所示。可以看到，这只猫边缘的绒毛比较自然，这是 Photoshop 发现功能的使用方法。

图 9-2-13

其他发现功能

在“发现”界面返回，如图 9-2-14 所示，向下滑动查看其他功能，如图 9-2-15 所示，有“平滑皮肤”“选择背景”“为老相片上色”等不同的 AI 功能。实际上像“平滑皮肤”“为老相片上色”等功能会更多地出现在 Neural Filters 神经滤镜中。

至于其他功能大家可以自行探索。

图 9-2-14

图 9-2-15

第 10 章 数码后期色彩管理

本章将介绍数码摄影后期色彩管理方面的基础知识，以及一些色彩管理的技巧。

10.1 数字化成像色彩呈现原理

计算机色彩原理

计算机色彩的呈现，要从两个方面来理解：其一，是显示屏的色彩显示；其二，是系统或人为控制色彩的显示。

1. 显示屏的色彩显示

显示屏显示色彩，主要有两种方式：发射式显示和反射式显示。

发射式显示：液晶显示（LCD）屏是一种常见的发射式显示技术。它通过在背光源后面放置液晶层和色彩滤光器来实现色彩显示。背光源通常使用冷阴极荧光灯（CCFL）或 LED 背光。当背光源发光时，光线通过液晶层，液晶分子的排列状态受到电场控制，从而控制光线的透过程度。色彩滤光器根据 RGB 原理来选择透过的光线颜色，最终形成彩色图像。液晶屏显示色彩的原理示意如图 10-1-1 所示。

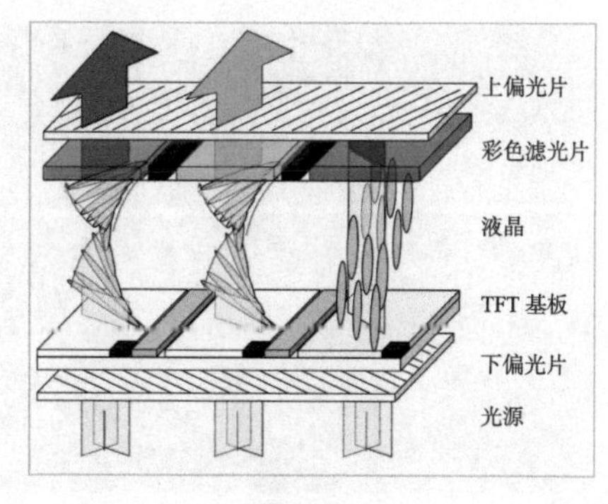

图 10-1-1

反射式显示：电子墨水屏（E-ink）是一种常见的反射式显示技术。它利用微小的胶囊中的黑色和白色颗粒，这些颗粒可以在电场的作用下移动。当电场作用于胶囊时，颗粒会向上或向下移动，从而改变颗粒的位置，显示不同的颜色。电子墨水屏主要适用于黑白和灰度图像显示，不适用于彩色显示。

2. 系统或人为的色彩控制

无论是发射式显示还是反射式显示，显示屏都需要通过电子信号来控制每个像素点的亮度和颜色。电子信号的控制可以通过驱动电路和控制器来实现，将输入的图像信号转化为对应的像素点控制信号，从而实现色彩显示。

比如说系统软件设定某些区域的色彩，就会通过驱动电路和控制器，利用电子信号控制像素点的亮度和色彩显示。而摄影后期就是人为控制色彩显示的另外一种情况，我们在软件中对照片进行调色，通过键盘或鼠标输入控制命令，最终由电子信号控制色彩的显示。

本质上说，计算机对于色彩的控制，是基于光的三原色原理和加法混色原理。

光的三原色原理：根据光的三原色原理，红、绿、蓝三种基本颜色的光可以通过不同强度的组合来产生其他颜色。在计算机内部，则是通过调节红、绿、蓝三种颜色的亮度来组合成各种色彩。

加法混色原理：计算机显示器和投影仪等设备采用的是加法混色原理，即通过叠加红、绿、蓝三种颜色的光来产生其他颜色。当红、绿、蓝三种颜色的光都不发光时，显示黑色；当三种颜色的光都以最大强度发光时，显示白色。

计算机中使用的颜色表示方式一般是使用 RGB（红、绿、蓝）色彩模型，其中每种颜色的取值范围为 0~255，表示颜色的亮度。通过调节红、绿、蓝三种颜色的亮度值的组合，可以得到数百万种不同的颜色。

图 10-1-2

用吸管在照片某个位置单击，可以提取所点击位置的颜色显示到前景色中，如图 10-1-2 所示。

单击前景色，在打开的“拾色器”对话框中可以看到所取颜色的信息，如图 10-1-3 所示。下方的 ff0000 是所取颜色的 16 进制值，即对色彩进行了数字化的处理，如图 10-1-4 所示。

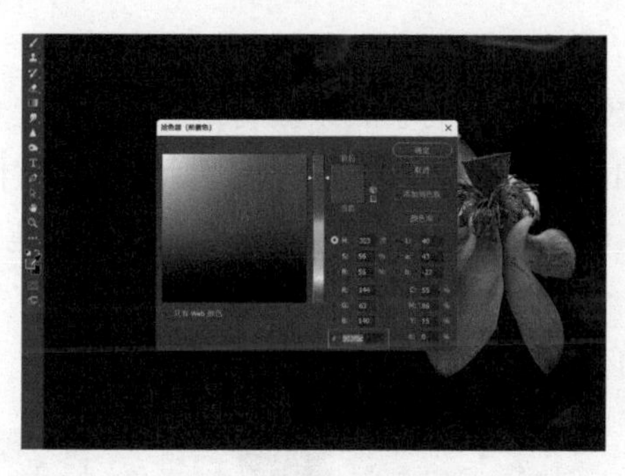

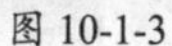
图 10-1-3

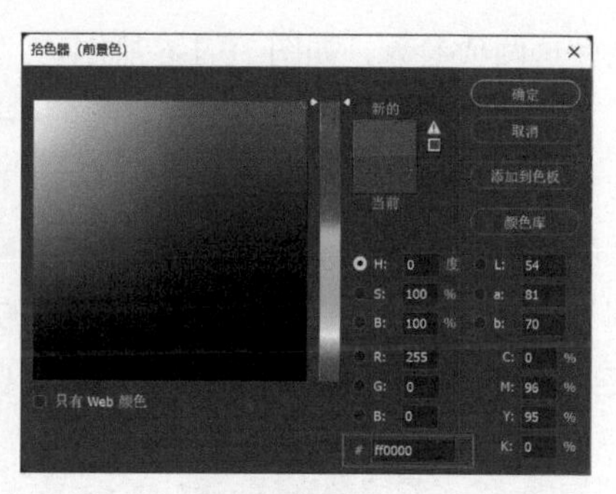

图 10-1-4

色彩模式

色彩模式是指用于描述和表示图像颜色的一种规范或标准。它定义了图像中使用的颜色空间、颜色范围和颜色表示方式。

常见的色彩模式有以下几种。

1. HSB 色彩模式

首先来看 HSB 色彩模式。这种色彩模式其实就是以色彩三要素为基础构建的色彩体系，其中 H 为 Hue，表示色相；S 为 Saturation，指饱和度或纯度；B 为 Brightness，是指色彩的明亮度。

在查看色彩模式时，在 Photoshop 主界面，用鼠标单击工具栏中的前景色或背景色，可以打开“拾色器”对话框。可以看到对话框右下角的 4 大类模式：HSB 模式、RGB 模式、Lab 模式和 CMYK 模式，如图 10-1-5 所示。

图 10-1-5

首先来看第一种，也就是 HSB 模式。对话框中间的色条，针对的是不同的色相，上下拖动两侧的三角标可以改变色相。在左侧的方形色彩区域内可以改变所选择色相的饱和度、明亮度这两项参数，如图 10-1-6 所示。

在右侧可以观察 HSB 这三项的参数。比如，将色相条拖动到接近于最上方的位置，可以看到色相的角度变为了 349° ，如图 10-1-7 所示。这个色相条实际上就是将色环图（如图 10-1-8 所示）展开所得到的。色相位置的标记，依然是以圆周的 360° 来进行标注的。最下方的红色为 0° ，一直延伸到最上方，逐渐过渡到 360° ，实际上到 360° 时，也就自然变为了 0° 。

图 10-1-6

图 10-1-7

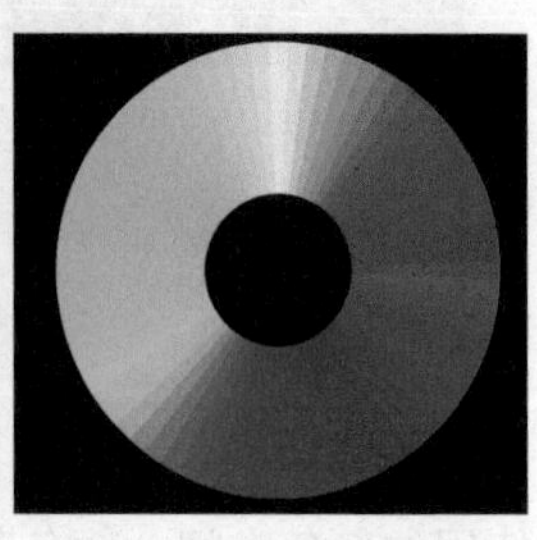

图 10-1-8

定位到最上方的纯红色，可以看到色相为 0° ，如图 10-1-9 所示。在左侧的色块上单击中性灰位置，在右侧的参数面板中可以看到红色的度数为 0° ，其中饱和度和明亮度均为 50%。设定好之后单击“确定”按钮，就相当于设定了前景色的色彩，如图 10-1-10 所示。

当然，也可以为前景色或背景色设定其他色彩。

2. RGB 色彩模式

接下来再看 RGB 色彩模式。依然是选择红色色相，将鼠标指针移动到左下角，此时在右侧可以看到 RGB 三个值均为 0，即将参数调到最低，它们混合之后的效果是纯黑，如图 10-1-11 所示。

图 10-1-9

图 10-1-10

图 10-1-11

将红色的值调到 255，可以在左侧窗口中看到定位的位置为纯红色，并且其明亮度和饱和都是最高的。与此同时，绿色和蓝色的值均为 0，如图 10-1-12 所示。

将鼠标指针定位到左侧色块的左上角，即纯白色的位置，如图 10-1-13 所示，从参数当中可以看到 RGB 的值分别为 255，也就是三原色叠加可以得到白色（图 10-1-14），所以 RGB 也被称为加色模式。

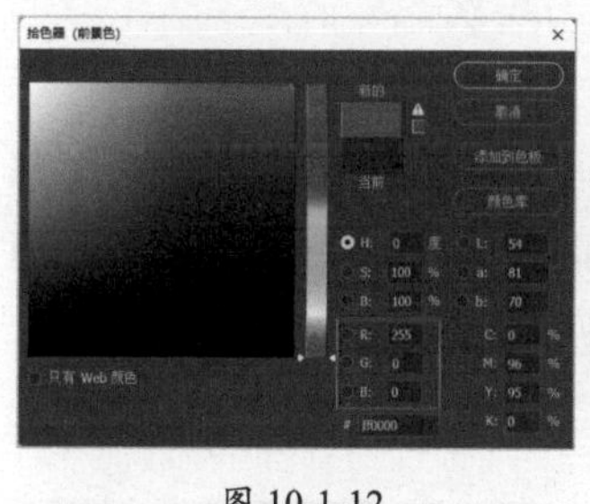

图 10-1-12

图 10-1-13

图 10-1-14

3. Lab 色彩模式

在计算机上看到和使用的照片，大多是 RGB 色彩模式的，几乎很难看到 Lab 模式的照片。

Lab 是一种基于人眼视觉原理而提出的一种色彩模式，理论上它概括了人眼所能看到的所有颜色。在长期的观察和研究中，人们发现人眼一般不会混淆红绿、蓝黄、黑白这三组共 6 种颜色，这使研究人员猜测人眼中或许存在某种机制分辨这几种颜色。于是有人提出可将人的视觉系统划分为三条颜色通道，分别是感知颜色的红绿通道和蓝黄通道，以及感知明暗的明度通道。这种理论很快得到了人眼生理学的证据支持，从而得以迅速普及。经过研究人们发现，如果人的眼睛中缺失了某条通道，就会产生色盲现象。

1932 年，国际照明委员会依据这种理论建立了 Lab 颜色模型，后来 Adobe 将 Lab 模式引入了 Photoshop，将它作为颜色模式置换的中间模式。因为 Lab 模式的色域最宽，所以其他模式置换为 Lab 模式时，颜色没有损失。实际应用当中，在将设备中的 RGB 色彩模式照片转为 CMYK 色彩模式准备印刷时，可以先将 RGB 转为 Lab 色彩模式，这样不会损失颜色细节；最终再从 Lab 转为 CMYK 色彩模式；这也是之前很长一段时间内，影像作品印前的标准工作流程。

一般情况下，我们在计算机、相机中看到的照片，绝大多数为 RGB 色彩模式，如果这些 RGB 色彩模式的照片要进行印刷，就要先转为 CMYK 色彩模式才可以。以前，在将 RGB 转为 CMYK 时，要先转为 Lab 模式过渡一下，这样可以降低转换过程带来的细节损失。而当前，在 Photoshop 中可以直接将 RGB 转换为 CMYK 模式，中间的 Lab 模式过渡在系统内部自动完成了，用户看不见这个过程。（当然，转换时会带来色彩的失真，可能需要用户进行微调校正。）

如果你还是不能彻底理解上述说法，那我们用一种比较通俗的说法来进行描述：RGB 色彩模式下，调色后色彩变化，同时色彩的明度也会变化，这样某些色彩变亮或变暗后，可能会让调色后的照片损失明暗细节层次。

打开如图 10-1-15 所示的 RGB 色彩模式的照片。

将照片调黄，因为黄色的明度非常高，如图 10-1-16 所示，可以看到很多部分因为色彩明度的变化产生了一些细节的损失。而如果是在 Lab 模式下调整，因为色彩与明度是分开的，所以将照片调为黄色后，是不会出现明暗细节损失的，如图 10-1-17 所示。

图 10-1-15

图 10-1-16

图 10-1-17

在 Lab 模式下调色的效果非常好，但这种模式也有明显问题。在 Lab 模式下，很多功能是无法使用的，如黑白、自然饱和度等；另外，还有很多 Photoshop 滤镜无法使用，并且即便是能够使用的功能，界面形式也与传统意义上的后期调整格格不入。

使用 Lab 模式时，打开“图像”菜单，在其下的“调整”菜单中可以看到很多菜单功能变为了灰色不可用状态，如图 10-1-18 所示。

分别在 RGB 和 Lab 模式下选择“色彩平衡”菜单命令，打开“色彩平衡”对话框。可以看到，RGB 模式下的调整界面（图 10-1-19）与 Lab 模式下的调整界面（图 10-1-20）有很大区别。

图 10-1-18

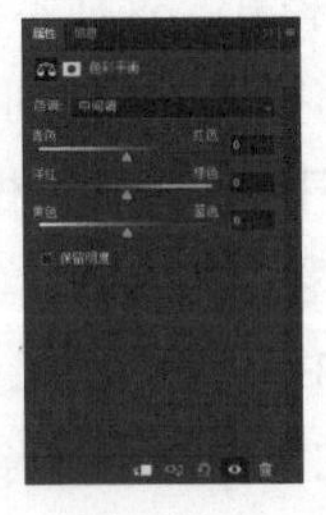

图 10-1-19

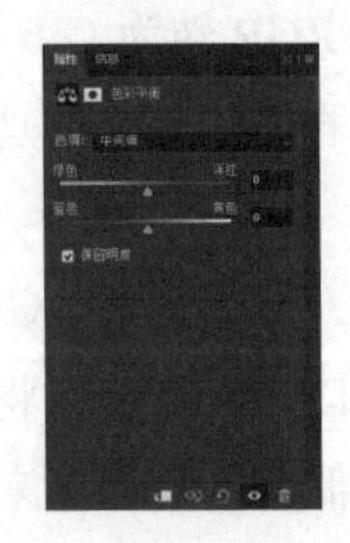

图 10-1-20

4. CMYK 色彩模式

下面介绍 CMYK 色彩模式的概念以及特点。

打开“拾色器”对话框，在右下角可以看到 CMYK 色彩模式的参数信息，如图 10-1-21 所示。至于左侧的色彩窗口以及色条，与其他色彩模式没有区别。

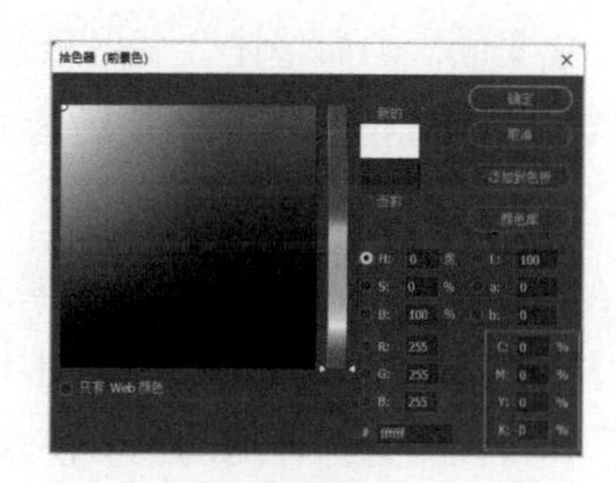

图 10-1-21

所谓 CMYK 是指三原色的补色，再加上黑色，一共 4 种颜色，分别为红色的补色青色，英文 Cyan，首字母 C；绿色的补色洋红，英文 Magenta，首字母 M；蓝色的补色黄色，英文 Yellow，首字母 Y；黑色的英文为 Black，但为了与首字母为 B 的蓝色相区别，这里取 K 字母；最终就简写为 CMYK 色彩模式。

在 RGB 色彩模式下，三色叠加可以得到白色，这是一种加色模式； CMYK 这几种色彩的颜料印在纸上，最终叠加出黑色（图 10-1-22），是一种越叠加越黑的效果，因此也被称为减色模式，主要用于印刷领域。

对于一般的摄影爱好者来说，可以大致了解一下减色模式中的黑色。这里会涉及单色黑和四色黑的问题。

首先在“拾色器”对话框右下角将 K 值，也就是黑色的值设定为 100%，但观察左侧的色彩框，可以看到黑色并没有变为纯黑，如图 10-1-23 所示。也就是说，这种单色的黑其实并不够黑，印刷出来也是不够黑的。

只有将 CMYK 这 4 个值都设定到最高的 100%，才能得到更黑的效果，如图 10-1-24 所示。在冲洗一些照片的黑白效果时就是四色黑。

图 10-1-22

图 10-1-23

图 10-1-24

当然，设定为四色黑会更费油墨，但表现出来的效果却最好。

学习摄影后期修图时，如果修出的照片涉及印刷的情况，就需要将图片转为

CMYK 模式之后才能印刷。

照片由 RGB 模式转为 CMYK 模式时，照片的饱和度整体会变低，对比度也会变低，画面整体会变得灰蒙蒙的，不够理想。

通常情况下，照片转为 CMYK 模式之后，要对照片进行简单的调色，让照片重新变得好看一些。

除了上述常见的色彩模式，还有其他一些特定的色彩模式，如 Grayscale、Indexed Color 等，它们针对不同的应用场景和需求，提供了不同的颜色表示方式和特性。选择合适的色彩模式可以确保图像颜色的准确性和一致性。

色彩深度

色彩的位深度是指每个像素的颜色信息所占用的位数。位深度越高，每个像素可以表示的颜色种类就越多。

在进一步了解色彩深度之前，我们先来讨论一下什么是“位（Bit）”。我们都知道，计算机是以二进制的方式处理和存储信息的，因此任何信息进入计算机后都会变成 1 和 0 不同位数的组合，当然色彩也是如此。

常见的位深度有以下几种。

1 位深度：只有白和黑两种差别，呈现 2 种明暗信息。

8 位深度：有 2^8，共 256 种差别，呈现 256 种明暗信息。

16 位深度：有 2^{16}，共 65536 种差别，呈现 65536 种明暗信息。

24 位深度：有 2^{24}，共 16777216 种差别，呈现 16777216 种明暗信息。

32 位深度：有 2^{32}，共 4294967296 种差别，呈现 4294967296 种明暗信息。

其他一些不同位深度所能表现出的明暗信息数量如图 10-1-25 所示。

我们知道，一个像素点是有红、绿、蓝三种色彩的，那么在常见的 8 位色彩深度的照片中，一个像素点能呈现出多少色彩信息呢？非常简单，即 256 × 256 × 256，共计 16777216 色彩变化，如图 10-1-26 所示。

需要注意的是，位深度只表示每个像素可以表示的颜色种类，而不代表图像的质量或清晰度。图像的质量还受到其他因素的影响，如分辨率、压缩算法等。

正常来说，位深度越大，照片的色彩和明暗过渡越平滑和细腻，反之则会出现色彩和明暗的断层等情况，导致画面细节变差，给人的观感也不够好。但是，位深度越大，照片的“体积”也会越大，所占存储空间会更多，不便于传输和分享，并且在不同设备商的兼容性也会变差。

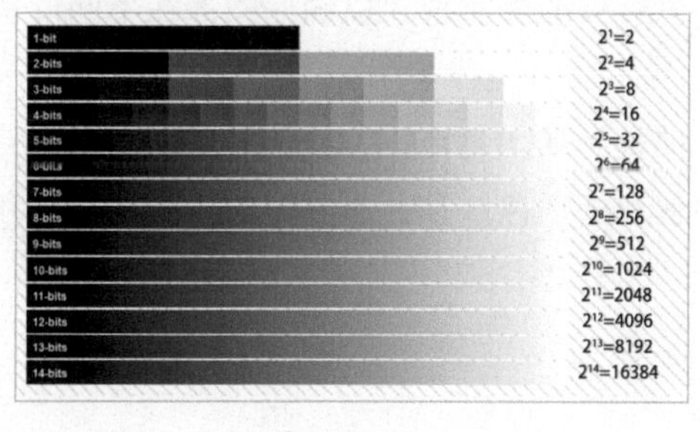

图 10-1-25

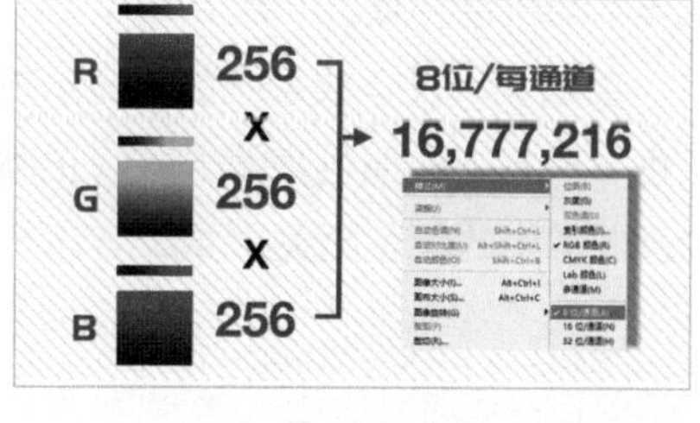

图 10-1-26

10.2 色彩空间与色域

认识色彩空间与色域

色彩空间（Color Space）是指将颜色在某种数学模型中进行描述和表示的一种方式。它是一种数学抽象，用于表示和计算颜色的属性和关系。

色域（Color Gamut）指的是在色彩空间中可表示的颜色范围。它表示了一个设备或系统能够显示或者捕捉到的颜色的范围。不同的设备、不同的色彩空间都有不同的色域。

TIPS

在数码摄影领域，通常情况下很多人会将色域直接称呼为色彩空间。

色域坐标系中包括了所有可见颜色的范围。常见的色域包括 Prophoto RGB、sRGB、Adobe RGB 等，如图 10-2-1 所示。sRGB 是一种较为常见的色域，广泛应用于计算机显示器、数码相机等设备上。Horseshoe Shape of visible color 色域译为马蹄形色彩空间，表示的是接近于无数色彩的理想色彩空间；Adobe RGB 色域也较大，能够表示更多鲜艳的颜色，主要用于专业图像处理和印刷领域。当然，还有一些色域没有在这个坐标系中

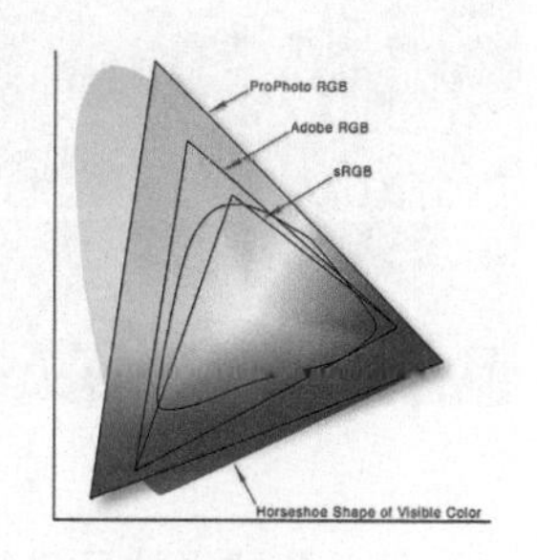

图 10-2-1

标出来，如主要用于电影和影院放映的 DCI-P3 色域等。

在数字图像处理中，要保证颜色的准确性和一致性，通常需要进行色彩管理。色彩管理可以通过色彩空间转换和色彩校准来实现，以确保图像在不同设备上显示的颜色一致。

色域表示设备或系统能够显示或者捕捉到的颜色范围，而色彩空间则是在特定色彩模式下的颜色表示方式。正确理解和处理色域和色彩空间对于准确显示和处理图像中的颜色至关重要。

输入与显示

色域的输入和显示是指在数字图像处理中，图像的原始输入色域和最终显示色域之间的转换过程。

输入色域指的是图像的原始色彩信息所处的色域。例如，如果从数码相机中获取图像，它的原始输入色域可能是相机所支持的色域，如 sRGB 或 Adobe RGB。在打开的 ACR 界面底部，可以看到对于色域的设定，如图 10-2-2 所示。

图 10-2-2

显示色域指的是最终显示图像的设备所支持的色域范围。例如，计算机显示器、打印机或投影仪都有自己的色域。

在数字图像处理中，通常需要将输入色域转换为显示色域，以确保图像在不同设备上显示的颜色一致。这个过程称为色彩管理。

举个例子来说，我们拍摄时，设定相机的色域为 Adobe RGB，那么拍摄的照片就是 Adobe RGB 的色域，但是这种色域在不同显示设备上的显示效果并不理想。所以对照片进行数码后期处理后，将 Adobe RGB 的色域转为 sRGB 的色域，就可以确保在不同电子设备上有更统一的显示效果。

色彩校准：硬件与软件校准

显示器硬件校准是一种通过调整显示器的各项参数以确保色彩准确、亮度均匀和对比度恰当的过程。与硬件校准相对的是软件校准，两者最大的区别在于校准的目标：硬件校准主要校正显示器，软件校准主要校正显卡输出。硬件校准的校准配置文件存在于显示器芯片中，软件校准的校准配置文件（ICC Profile）存在于主机端。

红蜘蛛校色仪是当前一般摄影爱好者和摄影师最常用的硬件校色仪器，如图 10-2-3 所示。

图 10-2-3

软件校准是通过调整显卡输出信号到显示器上显示正确的画面。比如显示器蓝色缺失，显卡可以通过加深蓝色的方式让显示画面尽可能接近正确。软件校准的缺点在于，除去对特定色彩的校准，其他的过渡色彩都是靠显卡模拟得出的，由此造成的结果是过渡色彩的缺失和失真。

无论软件还是硬件，色彩校准是通过对选定色域中特定关键色彩值的校准来达到所有颜色的校准目的。

色彩校准主要包含以下几个方面。

亮度设置：确保显示器的亮度适中，过亮或者太暗都会影响图像质量。可以使用显示器菜单或操作系统的亮度调节选项进行调整。

对比度设置：对比度决定了白色与黑色之间的差异程度。过高或过低的对比度都可能导致图像细节的丢失或无法区分。使用显示器菜单或操作系统的对比度调节选项进行调整。

色温设置：色温定义了图像中的颜色偏暖还是偏冷。根据个人喜好和特定任务需求，选择合适的色温设置。常见的选项包括冷色调（蓝色偏多）、中性色调和暖色调（红色偏多）。这也可以在显示器菜单或操作系统的颜色设置中调整。

Gamma 校正：Gamma 校正是调整显示器对灰度级别的响应曲线，以确保亮度变化的均匀性。通常，操作系统提供了 Gamma 校正选项，用户可以在显示器设置或操作系统的显示设置中进行调整。